现代化新征程丛书

隆国强　总主编

FRONTIER
ARTIFICIAL INTELLIGENCE
DEVELOPMENT AND GOVERNANCE

前沿人工智能

发展与治理

梁　正　主编

中国发展出版社
CHINA DEVELOPMENT PRESS

图书在版编目（CIP）数据

前沿人工智能 ： 发展与治理 / 梁正主编. — 北京 ： 中国发展出版社，2024. 7. — ISBN 978-7-5177-1422-4

Ⅰ. TP18

中国国家版本馆 CIP 数据核字第 20243RZ691 号

书　　　名：前沿人工智能：发展与治理
主　　　编：梁　正
责 任 编 辑：郭心蕊　李欣桐
出 版 发 行：中国发展出版社
联 系 地 址：北京经济技术开发区荣华中路 22 号亦城财富中心 1 号楼 8 层（100176）
标 准 书 号：ISBN 978-7-5177-1422-4
经 销 者：各地新华书店
印 刷 者：北京博海升彩色印刷有限公司
开　　　本：710mm×1000mm　1/16
印　　　张：12.25
字　　　数：150 千字
版　　　次：2024 年 7 月第 1 版
印　　　次：2024 年 7 月第 1 次印刷
定　　　价：68.00 元

联 系 电 话：（010）68990535　68360970
购 书 热 线：（010）68990682　68990686
网 络 订 购：http://zgfzcbs.tmall.com
网 购 电 话：（010）88333349　68990639
本 社 网 址：http://www.develpress.com
电 子 邮 件：174912863@qq.com

联合编制单位

国研智库

中国社会科学院工业经济研究所

中共浙江省委政策研究室

工业和信息化部电子第五研究所（服务型制造研究院）

清华大学技术创新研究中心

清华大学人工智能国际治理研究院

上海交通大学健康长三角研究院

上海交通大学健康传播发展中心

浙江省发展规划研究院

苏州大学北京研究院

江苏省产业技术研究院

中国大唐集团有限公司

广东省交通集团有限公司

行云集团

上海昌进生物科技有限公司

广东利通科技投资有限公司

《前沿人工智能：发展与治理》
编委会

顾问

薛　澜

主编

梁　正

副主编

田贵平

协调人

谭颖臻

编委（按照姓氏笔画排列）

于　洋　　王净宇　　田贵平　　李若忆　　李　洋
何　江　　冈美保子　庞桢敬　　姜李丹　　黄甄铭
盛舒洋　　盖小雨　　梁　正　　韩希佳　　曾　雄
薛　澜

联合编写单位

　　清华大学人工智能国际治理研究院

　　人工智能治理研究中心

　　清华大学中国科技政策研究中心

总　序

　　党的二十大报告提出，从现在起，中国共产党的中心任务就是团结带领全国各族人民全面建成社会主义现代化强国、实现第二个百年奋斗目标，以中国式现代化全面推进中华民族伟大复兴。当前，世界之变、时代之变、历史之变正以前所未有的方式展开，充满新机遇和新挑战，全球发展的不确定性不稳定性更加突出，全方位的国际竞争更加激烈。面对百年未有之大变局，我们坚持把发展作为党执政兴国的第一要务，把高质量发展作为全面建设社会主义现代化国家的首要任务，完整、准确、全面贯彻新发展理念，坚持社会主义市场经济改革方向，坚持高水平对外开放，加快构建以国内大循环为主体、国内国际双循环相互促进的新发展格局，不断以中国的新发展为世界提供新机遇。

　　习近平总书记指出，今天，我们比历史上任何时期都更接近、更有信心和能力实现中华民族伟大复兴的目标。中华民族已完成全面建成小康社会的千年夙愿，开创了中国式现代化新道路，为实现中华民族伟大复兴提供了坚实的物质基础。现代化新征程就是要实现国家富强、民族振兴、人民幸福的宏伟目标。在党的二十大号召下，全国人民坚定信心、同心同德，埋头苦干、奋勇前进，为全面建设社会主义现代化国家、全面推进中华民族伟大复兴而团结奋斗。

　　走好现代化新征程，要站在新的历史方位，推进实现中华民族伟大复兴。党的十八大以来，中国特色社会主义进入新时代，这是我国发展新的历史方位。从宏观层面来看，走好现代化新征程，需要站在新的历史方位，客观认识、准确把握当前党和人民事业所处的发展阶段，不断推动经济高质量发展。从中观层面来看，走好现代化新征程，需要站在新的历史方位，适应我国参与国际竞合比较优势的变化，通过深化供给侧结构性改革，对内解决好发展不平衡不充分问题，对外化解外部环境新矛盾新挑战，实现对全球要素资源的强大吸引力、在激烈国际竞争中的强大竞争力、在全球资源配置中的强大推动力，在科技高水平自立自强基础上塑造形成参与国际竞合新优势。从微观层面来看，走好现代化新征程，需要站在新的历史方位，坚持系统观念和辩证思维，坚持两点论和重点论相统一，以"把握主动权、下好先手棋"的思路，充分依托我国超大规模市场优势，培育和挖掘内需市场，推动产业结构优化和转型升级，提升产业链供应链韧性，增强国家的生存力、竞争力、发展力、持续力，确保中华民族伟大复兴进程不迟滞、不中断。

走好现代化新征程，要把各国现代化的经验和我国国情相结合。实现现代化是世界各国人民的共同追求。随着经济社会的发展，人们越来越清醒全面地认识到，现代化虽起源于西方，但各国的现代化道路不尽相同，世界上没有放之四海而皆准的现代化模式。因此，走好现代化新征程，要把各国现代化的共同特征和我国具体国情相结合。我们要坚持胸怀天下，拓展世界眼光，深刻洞察人类发展进步潮流，以海纳百川的宽阔胸襟借鉴吸收人类一切优秀文明成果。坚持从中国实际出发，不断推进和拓展中国式现代化。党的二十大报告系统阐述了中国式现代化的五大特征，即中国式现代化是人口规模巨大的现代化、是全体人民共同富裕的现代化、是物质文明和精神文明相协调的现代化、是人与自然和谐共生的现代化、是走和平发展道路的现代化。中国式现代化的五大特征，反映出我们的现代化新征程，是基于大国经济，按照中国特色社会主义制度的本质要求，实现长期全面、绿色可持续、和平共赢的现代化。此外，党的二十大报告提出了中国式现代化的本质要求，即坚持中国共产党领导，坚持中国特色社会主义，实现高质量发展，发展全过程人民民主，丰富人民精神世界，实现全体人民共同富裕，促进人与自然和谐共生，推动构建人类命运共同体，创造人类文明新形态。这既是我们走好现代化新征程的实践要求，也为我们指明了走好现代化新征程的领导力量、实践路径和目标责任，为我们准确把握中国式现代化核心要义，推动各方面工作沿着复兴目标迈进提供了根本遵循。

走好现代化新征程，要完整、准确、全面贯彻新发展理念，着力推动高质量发展，加快构建新发展格局。高质量发展是全面建设社会主义现代化国家的首要任务。推动高质量发展必须完整、准确、全面贯彻新发展理念，让创新成为第一动力、协调成为内生特点、绿色成为普遍形态、开放成为必由之路、共享成为根本目的，努力实现高质量发展。同时，还必须建立和完善促进高质量发展的一整套体制机制，才能保障发展方式的根本性转变。如果不能及时建立一整套衡量高质量发展的指标体系和政绩考核体系，就难以引导干部按照新发展理念来推进工作。如果不能在创新、知识产权保护、行业准入等方面建立战略性新兴产业需要的体制机制，新兴产业、未来产业等高质量发展的新动能也难以顺利形成。

走好现代化新征程，必须全面深化改革、扩大高水平对外开放。改革开放为我国经济社会发展注入了强劲动力，是决定当代中国命运的关键一招。改革开放以来，我国经济社会发展水平不断提升，人民群众的生活质量不断改善，经济发展深度融入全球化体系，创造了举世瞩目的伟大成就。随着党的二十大开启了中国式现代化新征程，需要不断深化重点领域改革，为现代化建设提供体制保障。2023年中央经济工作会议强调，必须坚持依靠改革开放增强发展内生动力，统筹推进深层次改革和高水平开放，不断解放和发展生产力、激发和增强社会活力。第一，要不断完善落实"两个毫不动摇"的体制机制，充分激发各类经营主体的内生动力和创新活力。公有制为主体、多种所有制经济共同发展是我国现代化建设的重要优势。推动高质量发展，需要深化改革，充分释放各类经营主体的创新活力。应对国际环境的复杂性、严峻性、不确定性，克服"卡脖子"问题，维护产业链供应链安全稳定，同样需要为各类经营主体的发展提供更加完善的市场环境和体制环境。第二，要加快全国统一大市场建设，提高资源配置效率。超大规模的国内市场，可以有效分摊企业研发、制造、服务的成本，形成规模经济，这是我国推动高质量发展的一个重要优势。第三，扩大高水平对外开放，形成开放与改革相互促进的新格局。对外开放本质上也是改革，以开放促改革、促发展，是我国发展不断取得新成就的重要法宝。对外开放是利用全球资源全球市场和在全球配置资源，是高质量发展的内在要求。

知之愈明，则行之愈笃。走在现代化新征程上，我们出版"现代化新征程丛书"，是为了让社会各界更好地把握当下发展机遇、面向未来，以奋斗姿态、实干业绩助力中国式现代化开创新篇章。具体来说，主要有三个方面的考虑。

一是学习贯彻落实好党的二十大精神，为推进中国式现代化凝聚共识。党的二十大报告阐述了开辟马克思主义中国化时代化新境界、中国式现代化的中国特色和本质要求等重大问题，擘画了全面建成社会主义现代化强国的宏伟蓝图和实践路径，就未来五年党和国家事业发展制定了大政方针、作出了全面部署，是中国共产党团结带领全国各族人民夺取新时代中国特色社会主义新胜利的政治宣言和行动纲领。此套丛书，以习近平新时代中国特色社会主义思想为指导，认真对标对表党的二十大报告，从报告原文中找指导、从会议精神中找动力，用行动践行学习宣传贯彻党的二十大精神。

二是交流高质量发展的成功实践，释放创新动能，引领新质生产力发展，为推进中国式现代化汇聚众智。来自20多家智库和机构的专家参与本套丛书的编写。丛书第二辑将以新质生产力为主线，立足中国式现代化的时代特征和发展要求，直面各个地区、各个部门面对的新情况、新问题，总结借鉴国际国内现代化建设的成功经验，为各类决策者提供咨询建议。丛书内容注重实用性、可操作性，努力打造成为地方政府和企业管理层看得懂、学得会、用得了的使用指南。

三是探索未来发展新领域新赛道，加快形成新质生产力，增强发展新动能。新时代新征程，面对百年未有之大变局，我们要深入理解和把握新质生产力的丰富内涵、基本特点、形成逻辑和深刻影响，把创新贯穿于现代化建设各方面全过程，不断开辟发展新领域新赛道，特别是以颠覆性技术和前沿技术催生的新产业、新模式、新动能，把握新一轮科技革命机遇、建设现代化产业体系，全面塑造发展新优势，为我国经济高质量发展提供持久动能。

"现代化新征程丛书"主要面向党政领导干部、企事业单位管理层、专业研究人员等读者群体，致力于为读者丰富知识素养、拓宽眼界格局，提升其决策能力、研究能力和实践能力。丛书编制过程中，重点坚持以下三个原则：一是坚持政治性，把坚持正确的政治方向摆在首位，坚持以党的二十大精神为行动指南，确保相关政策文件、编选编排、相关概念的准确性；二是坚持前沿性，丛书选题充分体现鲜明的时代特征，面向未来发展重点领域，内容充分展现现代化新征程的新机遇、新要求、新举措；三是坚持实用性，丛书编制注重理论与实践的结合，特别是用新的理论要求指导新的实践，内容突出针对性、示范性和可操作性。在上述理念与原则的指导下，"现代化新征程丛书"第一辑收获了良好的成效，入选中宣部"2023 年主题出版重点出版物选题"，相关内容得到了政府、企业决策者和研究人员的极大关注，充分发挥了丛书服务决策咨询、破解现实难题、支撑高质量发展的智库作用。

"现代化新征程丛书"第二辑按照开放、创新、产业、模式"四位一体"架构进行设计，包含十多种图书。其中，"开放"主题有"'地瓜经济'提能升级""跨境电商"等；"创新"主题有"科技创新推动产业创新""前沿人工智能"等；"产业"主题有"建设现代化产业体系""储能经济""合成生物""绿动未来""建设海洋强国""产业融合""健康产业"等；"模式"主题有"未来制造"等。此外，丛书编委会根据前期调研，撰写了"高质量发展典型案例（二）"。

相知无远近，万里尚为邻。丛书第一辑的出版，已经为我们加强智库与智库、智库与传播界之间协作，促进智库研究机构与智库传播机构的高水平联动提供了很好的实践，也取得社会效益与经济效益的双丰收，为我们构建智库型出版产业体系和生态系统，实现"智库引领、出版引路、路径引导"迈出了坚实的一步。积力之所举，则无不胜也；众智之所为，则无不成也。我们希望再次与大家携手共进，通过丛书第二辑的出版，促进新质生产力发展、有效推动高质量发展，为全面建成社会主义现代化强国、实现第二个百年奋斗目标作出积极贡献！

隆国强

国务院发展研究中心副主任、党组成员

2024 年 3 月

序 言

当今世界，新一轮科技革命加速推进，前沿人工智能技术与产业深度融合，并逐渐延伸到日常生活的每个角落。数字教育、远程医疗、自动驾驶、金融科技、智慧城市等创新应用层出不穷，智能制造、智慧农业、绿色能源等产业不断革新，全社会孕育着新的生产要素、产业形态和商业模式，开始掀起一场波澜壮阔的智能化革命。然而，人工智能技术给世界带来巨大机遇的同时，也带来了难以预知的各种风险和复杂挑战。

习近平总书记强调，发展是解决一切问题的总钥匙[①]。人工智能是人类发展新领域，人工智能引发的问题也需要在发展中解决。

人类社会走到今天，在科技发展方面始终面临着一个关键问题，即需要对新兴科技的收益和风险进行评估和权衡。有些技术固然可以帮助我们实现更好的生活，但也可能带来重大的安全风险，譬如从切尔诺贝利到福岛等一系列核事故带来的灾难不断提醒人们对核技术风险的防范和关注。当然，我们不能总是以人类社会承受一场大灾难为代价来推动某项技术的风险防控。我们既不能让社会公众忽视人工智能的危害，也不能像科幻小说那样对风险进行不切实际的夸大，致使人们产生不必要的恐惧，最终束缚了人工智能技术的应用和创新。因而，

---

① 习近平出席"一带一路"高峰论坛开幕式并发表主旨演讲（全文）［EB/OL］. 中国政府网.（2017-05-14）［2024-06-24］.https://www.gov.cn/xinwen/2017/05/14/content_5193658.htm.

使社会公众对人工智能具有全面客观的认识，对于解决风险认识的滞后性难题，防范和化解未来风险具有重要意义。

由梁正教授主编，清华大学人工智能国际治理研究院、人工智能治理研究中心、清华大学中国科技政策研究中心团队联合编写的《前沿人工智能：发展与治理》，就是为社会全面而客观地认识人工智能相关问题而精心准备的。一般而言，复杂的人工智能技术令人感到好奇又望而生畏，本书采用深入浅出的语言风格，融合了前沿理论与生动案例，集专业化和科普性于一体，将帮助读者打破专业壁垒，跨越高深知识的门槛，直抵人工智能发展与治理的前沿。

在充分认识人工智能巨大潜力和应用前景的同时，也应该看到，当前人工智能治理面临多重困难。一是步调不一致，治理体系建设的速度远远跟不上技术发展的速度；二是信息不对称，政企双方存在信息盲区，对风险认知不清；三是成本不对称，人工智能技术滥用或被利用的成本很小，而防范风险却存在很大难度；四是难以形成全球治理体系，政府、企业和社会组织往往对某一问题有一定的兴趣或治理能力，但是不同的治理机制之间存在重叠和冲突，彼此之间没有从属关系和约束力，这使得问题的讨论和解决变得更加复杂。

面对以上挑战，我们认为要做到以下几点。一是把握发展与规制之间的平衡，坚持以包容审慎的态度进行人工智能治理。二是构建敏捷治理行动方案，确保人工智能技术发展与公共政策的良性互动，一方面要推动人工智能发展的公共政策（Public Policy for AI），使科技创新与治理优化二者兼顾；另一方面要将人工智能用于公共政策（AI for Public Policy），通过双方互动增进敏捷治理能力。三是建立分层分级的治理框架，既要注重数据、算力、算法、知识要素层面的治理，也要注重平台、模型及其在不同场景中的分类治理，更要注重不同风险等级和智能化程度的治理。四是开发多维共治的治理工具，要基于人工智能的技术特性和议题属性，运用技术标准、行为规范、国际倡议等共识约束，满足人工智能特殊化、差异化应用场景的发展需求。五是加强人工智能全球治理，通过对话与合作凝聚共识，构建开放、公正、有效的治理机制，促进人工智能技术造福于人类，推动构建人类命运共同体。

清华大学文科资深教授

苏世民书院院长

人工智能国际治理研究院院长

薛澜

2024 年 6 月

前　言

在人类历史的长河中，每一次技术的飞跃都伴随着对未知的探索与对未来的思考。当前，人工智能的快速发展正在酝酿一场新的社会变革，重塑着世界的面貌和人类的生活方式；它既为我们带来了前所未有的便利，同时也会产生一系列伦理问题和治理挑战。如何驾驭这一强大而复杂的技术力量，使其更好地服务于人类社会，成为摆在我们面前的现实问题。

我国高度重视人工智能发展与治理问题。2018 年 10 月 31 日，习近平总书记在中共中央政治局第九次集体学习时强调："人工智能是新一轮科技革命和产业变革的重要驱动力量，加快发展新一代人工智能是事关我国能否抓住新一轮科技革命和产业变革机遇的战略问题……各级领导干部要努力学习科技前沿知识，把握人工智能发展规律和特点，加强统筹协调，加大政策支持，形成工作合力"[①]。2023 年 7 月 10 日，国家网信办等七部门联合发布《生成式人工智能服务管理暂行办法》，以促进生成式人工智能健康发展和规范应用，维护国家安全和社会公共利益，保护公民、法人和其他组织的合法权益[②]。在十四届全国人大二次会议上，李强总理在 2024 年《政府工作报告》中提出，

[①]　习近平：推动我国新一代人工智能健康发展［EB/OL］.（2018-10-31）［2024-06-21］. 新华网 . http://www.xinhuanet.com/politics/leaders/2018-10/31/c_1123643321.htm.

[②]　生成式人工智能服务管理暂行办法［EB/OL］.（2023-07-10）［2024-06-21］. 中国政府网 . https://www.gov.cn/gongbao/2023/issue_10666/202308/content_6900864.html.

要深化大数据、人工智能等研发应用，开展"人工智能+"行动①。

当前，前沿人工智能技术不断加速迭代，令人应接不暇，引发了全社会的疑问和焦虑。同时，人工智能技术的价值应用和风险防范，需要全社会成员的共同参与，因而需要在全国开展人工智能科普行动，主动迎接智能社会的来临。为此，清华大学人工智能国际治理研究院、人工智能治理研究中心、清华大学中国科技政策研究中心开展了一系列相关工作：一方面，与中国新闻网、财新网、央视财经频道、CGTN、搜狐科技等机构合作，通过媒体专访，积极回应社会需求；另一方面，深入政府、企业、学校等机构进行调研，掌握人工智能技术的最新动态和实际应用状况。团队在整理媒体采访和调研报告的基础上，形成了《前沿人工智能：发展与治理》一书。

全书从基本情况、应用现状、潜在风险、国际治理和应对策略五大方面入手，对前沿人工智能的发展与治理问题进行了全景解读。

第一章在梳理人工智能发展历程的基础上，介绍了以 ChatGPT、Sora 为代表的前沿人工智能的发展概况，说明了前沿人工智能的技术原理、主要特征、功能优势和局限之处。

第二章陈述了前沿人工智能的发展和应用现状。一是从数据、算力、算法等基本要素出发介绍了其发展情况；二是从产业发展、商业部署和变革趋势三个方面勾勒了前沿人工智能的产业生态；三是在提出应用场景的基础上，运用典型案例，生动展现了当前我国"人工智能+"行动在工业、金融、政务、教育和医疗等场景的产业实践。

第三章分析了前沿人工智能的潜在风险。首先以风险源、影响主体、风险性质等为依据，建立了风险分类体系；然后以风险源为标

---

① 2024 年政府工作报告［EB/OL］.（2024-03-12）［2024-06-21］.中国政府网. https://www.gov.cn/gongbao/2024/issue_11246/202403/content_6941846.html.

准，详细解读了基于技术本身、技术开发和技术应用的共 3 类 12 种风险。

第四章探讨了前沿人工智能的国际治理。一方面，在比较美国、欧盟等国家和地区前沿人工智能治理模式的基础上，提出了对中国的经验借鉴和启示。另一方面，总结了当前应对人工智能风险的国际共识和分歧，提出要以搭建开放包容的国际平台为切入点，建立国际治理体系；我国要积极参与国际治理体系建设，为促进人工智能造福人类、推动构建人类命运共同体贡献力量。

第五章构建了前沿人工智能治理体系。首先分析了人工智能治理的内涵，从技术、制度、文化和资本角度对人工智能治理进行了解读；然后揭示了当前人工智能治理的困境，提出要坚持发展与治理的平衡，推动多元主体参与，不断完善敏捷治理；最后在梳理我国人工智能治理历史脉络的基础上，对未来人工智能治理范式进行了展望。

本书具有三大特色：第一，深入浅出，可读性强。我们力图用通俗易懂的语言、生动鲜活的案例，为读者系统呈现前沿人工智能发展与治理问题。第二，联系理论，贴近现实。我们将理论与实践融为一体，既从专业角度透视前沿人工智能的理论框架，又基于一线调研和实地考察，通过数据和事实说明前沿人工智能的应用价值和风险挑战。第三，立足中国，放眼国际。人工智能引发的全球性问题涉及"地球村"的方方面面，任何一个国家都无法单独应对，因而国际治理是人工智能治理版图中不可缺少的一部分，对此我们对"前沿人工智能的国际治理"作了专门探讨。我们认为，尽管人工智能会带来很多风险，但不发展才是最大的不安全。我们应坚持平衡包容、敏捷协同的治理思路，牢牢把握新一轮科技革命的机遇，推动高质量发展取得新的更大成效。

在书稿即将付梓之际，感谢中国发展出版社领导和同事们在出版过程中的辛勤努力；感谢众多企业、学校和地方政府在调研工作中的大力支持！

本书各章作者具体如下：

"第一章 读懂前沿人工智能"为田贵平、盖小雨；

"第二章 前沿人工智能的发展与应用"为何江、韩希佳、黄甄铭、田贵平、李若忆、冈美保子、于洋、曾雄；

"第三章 前沿人工智能的潜在风险"为田贵平、盖小雨；

"第四章 前沿人工智能的国际治理"为梁正、盛舒洋、王净宇；

"第五章 前沿人工智能的治理体系构建"为薛澜、梁正、李洋、庞桢敬、姜李丹。

最后，感谢新一代人工智能国家科技重大专项"新一代人工智能风险防范与治理手段研究"（2023ZD0121700）、清华大学自主科研计划（20223080026）和北京人文社会科学研究中心的资助。

清华大学公共管理学院教授 人工智能国际治理研究院副院长

人工智能治理研究中心主任 中国科技政策研究中心副主任

梁正

2024 年 6 月

于清华园

目 录

第一章 读懂前沿人工智能……………………………………… **1**

一、前沿人工智能：从 ChatGPT 到 Sora ………………………2
（一）人工智能的起源与发展 …………………………………2
（二）前沿人工智能的内涵 ……………………………………4
二、前沿人工智能的特征与功能 ………………………………15
（一）前沿人工智能的特征 ……………………………………15
（二）前沿人工智能的功能 ……………………………………18
三、前沿人工智能的优势与局限 ………………………………20
（一）前沿人工智能的优势 ……………………………………20
（二）前沿人工智能的局限 ……………………………………21

第二章 前沿人工智能的发展与应用………………………**25**

一、前沿人工智能的发展现状 …………………………………26
（一）数据要素发展现状 ………………………………………26
（二）算力要素发展现状 ………………………………………29
（三）算法与模型发展现状 ……………………………………31

二、前沿人工智能的产业生态概况 ……………………………… 33

（一）前沿人工智能的产业发展现状 …………………… 33

（二）前沿人工智能的商业部署现状 …………………… 35

（三）前沿人工智能的产业变革趋势 …………………… 36

三、前沿人工智能的应用前景 …………………………………… 38

（一）功能性应用场景 …………………………………… 38

（二）水平领域应用场景 ………………………………… 39

（三）垂直领域应用场景 ………………………………… 40

四、"人工智能＋"行动的产业实践 …………………………… 42

（一）人工智能＋工业 …………………………………… 43

（二）人工智能＋政务 …………………………………… 47

（三）人工智能＋教育 …………………………………… 50

（四）人工智能＋金融 …………………………………… 57

（五）人工智能＋医疗 …………………………………… 63

第三章　前沿人工智能的潜在风险……………………… **71**

一、风险分类的标准 ……………………………………………… 72

二、基于技术本身的风险 ………………………………………… 74

（一）数据隐私泄露 ……………………………………… 74

（二）算法歧视和偏见 …………………………………… 76

（三）内容谬误 …………………………………………… 78

三、基于技术开发的风险 ………………………………………… 80

（一）数据产权问题 ……………………………………… 80

（二）心理问题 …………………………………………… 82

（三）环境问题 ·· 83

四、基于技术应用的风险 ································ 84

（一）扩大数字鸿沟 ·· 85

（二）知识产权纠纷 ·· 86

（三）深度伪造 ·· 88

（四）意识形态渗透 ·· 89

（五）引发失控风险 ·· 90

（六）威胁国家安全 ·· 92

第四章　前沿人工智能的国际治理················· **99**

一、前沿人工智能治理模式的国际对比 ·············100

（一）美国前沿人工智能治理模式 ·················100

（二）欧洲前沿人工智能治理模式 ·················104

（三）其他国家前沿人工智能治理模式 ···········109

（四）对中国人工智能治理的经验启发 ···········111

二、前沿人工智能国际治理体系的构建 ···········113

（一）形成基础：前沿人工智能潜在风险的国际性共识···113

（二）面临挑战：前沿人工智能发展与治理的国际分歧···116

（三）建立国际治理体系的切入点：搭建开放、包容的
国际平台 ··119

（四）中国参与前沿人工智能国际治理体系建设 ···124

第五章　前沿人工智能的治理体系构建·················· **131**

一、概念与逻辑——如何认知人工智能治理 ·················132
（一）人工智能治理的定义 ··················132
（二）人工智能治理的多元层次与视角 ··················133

二、敏捷与协同——如何构建人工智能治理体系 ··················140
（一）国家人工智能治理面临的困境 ··················140
（二）两条腿走路：发展与治理的平衡 ··················141
（三）行动协同：推动多元主体参与治理 ··················142
（四）模式构建：推动完善敏捷治理 ··················144

三、历史与超越——应对人工智能治理的新变化 ··················145
（一）我国人工智能适应性治理的范式变革 ··················145
（二）我国人工智能治理的范式超越 ··················149

附录：2023 年人工智能大事件回顾 ·················· **154**

一、中国大模型篇 ··················154
二、中国 AI 政策篇 ··················159
三、国际治理篇 ··················163
四、科技巨头篇 ··················165

第一章
读懂前沿人工智能

一、前沿人工智能：从 ChatGPT 到 Sora

人工智能（Artificial Intelligence，AI）是一个比较宽泛的概念，涵盖了使机器能够执行需要人工智能的各种任务的技术，以数据、算力、算法三大要素为核心，旨在创造出能够执行任务且在某些情况下甚至超越人类能力的智能系统。关于人工智能，欧盟委员会给出的最新定义是："人工智能是一个通过分析环境、收集和处理数据从而采取最佳行动实现给定目标的科学和技术。"作为引领新一轮科技革命和产业变革的关键技术，人工智能通过模拟、延伸和扩展人的脑力，以其强大的信息处理能力为社会现代化提供了重要的技术支持。人工智能作为一项引领科技潮流的前沿技术，其发展历程充满了曲折与挑战，同时也蕴含着无限的潜力。

（一）人工智能的起源与发展

1. 人工智能的起源

人工智能的起源可以追溯到 20 世纪 50 年代，当时学者们刚开始探索如何让机器展现出人类的智能。1956 年 8 月 31 日，约翰·麦卡锡、马文·明斯基、纳撒尼尔·罗切斯特和克劳德·香农发起了达特茅斯会议并提出了"人工智能"这一定义，该会议旨在召集志同道合的人共同讨论"人工智能"的概念、方法和未来发展方向。达特茅斯会议标志着人工智能领域的正式确立，同时，约翰·麦卡锡、马文·明斯基、艾伦·纽厄尔等科学家成为人工智能领域的先驱者。

2. 人工智能的发展阶段

随着计算机技术的不断进步和理论研究的深入，人工智能逐渐取得一系列重要突破。最初的人工智能研究主要集中在符号推理、专家系统和逻辑推理等方向。第一，符号推理（1950—1960年），即使用规则和逻辑来模拟人类的推理过程，以约翰·麦卡锡于1956年提出的Lisp编程语言为代表。这是一个用于实现符号推理的系统，后来成为早期人工智能研究的重要工具。第二，专家系统（1970—1980年），是一种基于知识库和推理引擎的人工智能系统，旨在模拟专家的知识和经验。1970年至1980年，专家系统成为人工智能领域的热门研究方向，如Dendral系统用于化学领域的分析、MYCIN系统用于医学领域的诊断等。神经网络是一种模拟人类神经系统的计算模型，由于其具有分布式表示和并行处理等特点，在20世纪80年代，神经网络和机器学习开始受到关注，同时也引入了专家系统的知识表示与推理方法。之后，随着计算能力的提高和深度学习算法的发展，神经网络在图像识别、语音识别、自然语言处理等领域取得了重大突破。然而，人工智能的发展并非一帆风顺。在20世纪80年代末期，由于技术进展不如预期、资金紧缺以及公众对人工智能期望过高，人工智能进入"寒冬"时期，研究陷入停滞。直到20世纪90年代末，随着互联网的兴起、计算能力的提升以及新的算法和理论的涌现，人工智能发展才逐渐复苏。

21世纪以来，人工智能迎来了全新的发展时代。深度学习、大数据、云计算和物联网等技术的快速发展为人工智能的应用提供了强大的支持。AlphaGo击败人类围棋冠军、语音助手的普及、自动驾驶技术的突破等事件成为人工智能发展的重要里程碑。同时，人工智能在医疗、教育、金融、制造等各个领域都展现出巨大的潜力和应用价值。

根据目前的情况，我们可以推断人工智能将继续发挥重要作用，为社会带来深远影响。人工智能技术将不断普及，更加紧密地融入人们的日常生活。在医疗保健、教育、交通运输、环境保护等领域，人工智能将发挥更大的作用，为解决人类面临的各种挑战提供新的应对方案。

综上所述，人工智能经历了从起源到发展的漫长历程，其在不同阶段的发展都受到了技术、经济、社会等多方面的影响。未来，人工智能将继续为人类社会带来创新和变革，开创更加美好的未来。

（二）前沿人工智能的内涵

前沿人工智能，以 ChatGPT、Sora 等生成式人工智能和大语言模型等为代表，是建立在自我学习和自我表达能力之上的高级机器智能。这些系统通过采用创新的深度学习架构，如 Transformer，以及大规模、多样化的数据集进行训练，实现了对自然语言、视觉内容和其他数据模式的深刻理解和高度逼真的生成能力。它们不仅在自然语言处理、计算机视觉和机器翻译等领域展现出与人类相媲美甚至超越人类的能力，而且在艺术创作、科学研究和自动化决策等方面也展现出巨大的潜力。这些系统的持续进步预示着人工智能技术将在未来社会中扮演更加核心的角色，同时也对伦理、隐私、安全和社会影响提出了深刻挑战。

1. ChatGPT

（1）ChatGPT 及其发展历程

2022 年底，ChatGPT 横空出世并展示出惊人的"类人"能力，具体表现在语言理解、文本生成和知识推理等方面，上线仅两个月后，其日活用户就突破了一亿，这引起国内外科技巨头的关注，并纷纷开始布局其背后的大模型技术，引发了一场激烈的"百模大战"。

ChatGPT 是一个由 OpenAI 训练的大型语言模型（Large Language Model，LLM），是大模型在自然语言处理领域不断发展的结果。自然语言处理领域一直是人工智能研究的前沿领域之一，在该领域，ChatGPT 系列模型作为一种基于深度学习的杰作，不仅在学术界引起广泛的关注，而且也成为人工智能发展划时代的标志。作为生成式人工智能的代表，ChatGPT 通过监督式深度学习与人机集成强化学习相结合，实现了人机交互新格局，不仅对公众的思维方式、认知范式和价值观念产生了深刻影响，而且也在工业界和社会中产生了深远的影响。特斯拉公司首席执行官埃隆·马斯克公开称 "ChatGPT 好得吓人"，同时也评价说 ChatGPT 类技术的产生不亚于 iPhone；微软公司创始人比尔·盖茨认为，ChatGPT 的问世不亚于重新发明互联网；360 公司董事长周鸿祎认为其可类比蒸汽机和电力的发明，甚至认为 "ChatGPT 是通用 AI 发展的奇点和强人工智能即将到来的拐点"。

ChatGPT 推动了内容生成、知识创新、信息传递等方面的革命性变革，通过自然语言交互方式满足了用户的多种需求，进一步拓展了 AI 商业模式的应用领域，推动了知识服务产业向数字化转型的新发展。这表明，ChatGPT 的出现可能标志着人工智能领域迎来了一次革命性的转变；可以说，ChatGPT 的发展历程是自然语言处理技术发展的里程碑，也是人工智能发展的缩影。

ChatGPT 是一种基于深度学习的自然语言处理模型，该模型采用 Transformer 架构和 "预训练 - 微调" 的策略，是 GPT（Generative Pre-trained Transformer）系列的一部分。ChatGPT 旨在通过训练模型，包括大量的网络文本和对话数据，使其能够学习到丰富的语言知识和语境。通过深度学习技术，ChatGPT 具备了理解文本上下文、进行对话、回答问题、生成文本等强大的性能，因此它可以与用户进行自然且流畅的对话，并提供有用的信息和建议。概括地说，在海量数据和强大算力的支持下，类似 ChatGPT 的技术展现出了惊人的"涌现"能力，不仅能够理解人类的自然语言，还能够记住训练过程中获得的大量信息和事实。基于这些记忆，它能够生成高质量的内容，为人们提供更加智能化的服务。

ChatGPT 的推出标志着自然语言处理领域的重大进步，为人机交互、智能客服、智能助手等领域提供了新的解决方案，也成功开启了人工智能从感知智能到认知智能的突破性转变。同时，它也引发了人们对于语言模型和人工智能技术发展的讨论和关注。总的来说，ChatGPT 作为一种先进的语言模型，具有强大的理解和生成自然语言文本的能力，为自然语言处理领域带来了新的发展机遇。

ChatGPT 的发展历程可以划分为六个阶段，其发展历程见图 1-1。

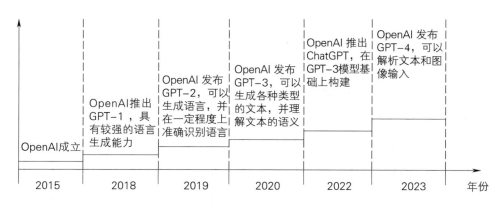

图 1-1　ChatGPT 的发展历程

资料来源：西桂权，谭晓，靳晓宏，等 . 挑战与应对：大型语言模型（ChatGPT）的多样态安全风险归因及协同治理研究［J］. 新疆师范大学学报（哲学社会科学版），2023（6）：131-139.

● 2015 年，OpenAI 成立。

● GPT-1：2018 年，OpenAI 发布了首个 GPT 模型，即 GPT-1，该模型具有较强的语言生成能力。虽然在当时引起了不小的轰动，但相对于后续的版本，其规模较小，性能也有限。

● GPT-2：在 GPT-1 的基础上，OpenAI 在 2019 年发布了 GPT-2，这个版本具有更大的规模和更好的性能，可以生成语言，并在一定程度上准确识别语言。虽然 GPT-2 在生成自然语言文本方面取得了显著的进展，但仍存在一些限制，如对话质量的不稳定性和上下文理解的局限性。

● GPT-3：OpenAI 于 2020 年发布 GPT-3。GPT-3 具有 1750 亿个参数，是当时最大的神经网络之一。它在生成自然语言文本方面取得了巨大的突破，不仅能理解文本的语义，还能够生成各种类型的高质量、富有逻辑的文本，并且在各种任务上都有惊人的能力。

● ChatGPT：2022 年 11 月 OpenAI 推出生成式人工智能，并命名为 ChatGPT，这是在 GPT-3 模型基础上构建而成的。

● GPT-4：2023 年 OpenAI 发布了 GPT-4，它可以解析文本和图像输入。

尽管 ChatGPT 系列已经取得了巨大成功，但仍然存在一些问题需要解决，如对话的连贯性、理解长期依赖关系等。未来，ChatGPT 系列模型将会不断优化，提高模型的稳定性和性能。另外，ChatGPT 系列模型将致力于实现多模态融合，即除纯文本生成外，将语言与其他模态（如图像、声音）相结合，从而使 ChatGPT 模型在更多的场景下发挥作用，提供更加丰富的服务和体验。随着用户个性化需求的增加，ChatGPT 模型也将朝着个性化与定制化方向发展。未来 ChatGPT 模型可能会根据用户的历史对话和喜好进行调整，提供更加个性化的服务。

与此同时，因为 ChatGPT 模型在社会中的广泛应用，对其伦理和安全的考量也越来越重要，同时也需更加注重数据隐私、信息安全及对抗滥用等方面的问题。

总之，ChatGPT 的发展不仅代表了自然语言处理技术的进步，也引领着人工智能在对话系统、智能助手等领域的发展方向。随着技术的不断创新和完善，ChatGPT 将会为我们提供更加智能、便捷、个性化的服务，助力人类社会迈向更加智能化的未来。

（2）ChatGPT 的技术原理

自然语言处理领域的技术一直备受关注，而 ChatGPT 作为其中一项重要成果，其背后的技术原理更是引人注目。ChatGPT 的技术原理聚焦于其基础架构——Transformer，以及在此基础上的进一步改进与优化。

Transformer 架构是一种基于自注意力机制（self-attention mechanism）的深度学习模型，专门用于处理序列数据，特别是在自然语言处理领域取得了巨大成功。该架构由阿西什·瓦斯瓦尼等人在 2017 年提出。由于它在处理序列数据方面取得了巨大的成功，因此被广泛应用于自然语言处理（NLP）任务中。其核心思想完全基于自注意力机制，摒弃了传统的循环神经网络（RNN）和卷积神经网络（CNN）结构，使得模型能够在不同位置之间建立关联，只要提供足够多的句子，Transformer 就能学习句子中单词之间的共生关联关系。举例来说，如果在多篇文章中出现了"苹果是一种水果"这样的句子，Transformer 就会认为"苹果"和"水果"这两个单词之间存在共生关系，并在它们之间建立关联，这种关系被称为"注意力"。之后，在进行海量语料库学习的基础上，人工智能算法可以构建一个庞大的单词共生关联网络图。接着，每当给定一个单词时，算法会从这个网络图中找到与之最相关的下一个单词，作为给定单词的后续单词。通过这样逐个接缀，算法最终能够合成完整的句子，实现自然语言的合成。因此，OpenAI 公司首席执行官山姆·阿尔特曼曾表示："预料下一个单词是通用人工智能（AGI）能力的关键。"在深度学习框架下，ChatGPT 以 Transformer 为核心，将数据视作燃料、将模型视作引擎、将算力视作加速器，展现了出色的统计关联能力，它能够洞悉海量数据中单词与单词、句子与句子之间的关联性，体现了其在语言合成方面的能力。正是通过这种方式，它可以实现对长距离依赖的建模，而无须依赖传统的递归或卷积结构，并且可以并行计算，大大加快了训练速度。

Transformer 包含编码器和解码器两部分，其中编码器用于将输入序列转换成隐藏表示，而解码器则用于根据这些隐藏表示生成输出序列。每个编码器和解码器由多个相同的层组成，其中包括多头自注意力层（multi-head self-attention layer）和前馈神经网络层（feed-forward neural network layer）。

ChatGPT 模型还采用了"预训练 – 微调"的策略。首先，在大规模文本语料上进行预训练，学习通用的语言表示；然后，在特定任务上微调模型参数，以适应具体的应用场景。这种策略使模型能够充分利用大规模数据进行学习，同时又可以在不同任务上灵活应用。

在训练过程中，模型会根据已知的文本序列来预测下一个词或字符，从而逐步生成整个文本序列。生成式学习使 ChatGPT 能够应用于对话系统、文本生成等多种任务。通过将大数据、大模型和大算力相结合，ChatGPT 的训练过程利用了 45TB 的数据和近万亿个单词，这相当于约 1351 万本牛津词典所包含的单词数量。据估算，训练 ChatGPT 所需的算力相当于每秒进行千万亿次运算，并且需要进行 3640 天的模型训练。

ChatGPT 的训练过程分为三个阶段（见图 1–2）。

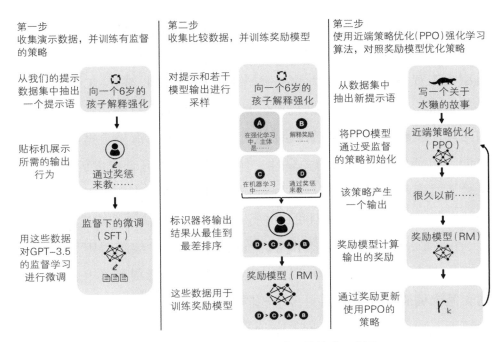

第一步
收集演示数据，并训练有监督的策略

从我们的提示数据集中抽出一个提示语

向一个6岁的孩子解释强化

贴标机展示所需的输出行为

通过奖惩来教……

用这些数据对GPT-3.5的监督学习进行微调

监督下的微调（SFT）

第二步
收集比较数据，并训练奖励模型

对提示和若干模型输出进行采样

向一个6岁的孩子解释强化

Ⓐ 在强化学习中，主体是……　Ⓑ 解释奖励

Ⓒ 在机器学习中……　Ⓓ 通过奖惩来教……

标识器将输出结果从最佳到最差排序

Ⓓ > Ⓒ > Ⓐ > Ⓑ

这些数据用于训练奖励模型

奖励模型（RM）

Ⓓ > Ⓒ > Ⓐ > Ⓑ

第三步
使用近端策略优化(PPO)强化学习算法，对照奖励模型优化策略

从数据集中抽出新提示语

写一个关于水獭的故事

将PPO模型通过受监督的策略初始化

近端策略优化（PPO）

该策略产生一个输出

很久以前……

奖励模型计算输出的奖励

奖励模型（RM）

通过奖励更新使用PPO的策略

r_k

图 1-2　基于人类反馈强化学习的算法示意图

来源：Long Ouyang，Jeff Wu，Xu Jiang，et.al.Training language models to follow instructions with human feedback［J］.arXiv：2203.02155［cs.CL］，2022.

第一阶段：训练监督策略模型。ChatGPT 的前身为 GPT-3.5，其本身很难理解人类不同类型指令中蕴含的不同意图，也很难判断生成内容是否是高质量的结果。为了让 GPT-3.5 初步具备理解指令意图的能力，模型首先会在数据集中随机抽取问题，由人类标注人员给出高质量答案，然后用人工标注好的数据对 GPT-3.5 模型进行微调，从而获得 SFT（Supervised Fine-Tuning）模型。此时，SFT 模型在遵循指令和对话方面已经得到优化，但并不一定符合人类偏好。

第二阶段：训练奖励模型（Reward Model，RM）。这个阶段的目标是通过人工标注训练数据，来训练奖励模型。在数据集中随机抽取问题，使用第一阶段生成的模型对每个问题生成多个不同的回答。人类标注者对这些结果综合考虑后给出排名顺序，这一过程类似于教练或

老师辅导。接下来，使用这个排序结果数据来训练奖励模型。对多个排序结果进行两两组合，形成多个训练数据对。奖励模型接受一个输入会给出评价回答质量的分数。因而，对于一对训练数据，调节参数会使高质量回答比低质量回答的打分高。

第三阶段：采用近端策略优化（Proximal Policy Optimization，PPO）强化学习来优化策略。这一阶段利用第二阶段训练好的奖励模型，靠奖励打分来更新预训练模型参数。在数据集中随机抽取问题，使用PPO模型生成回答，并用上一阶段训练好的RM模型给出质量分数。接着把回报分数依次传递，产生策略梯度，通过强化学习的方式更新PPO模型参数。如果不断重复第二和第三阶段，通过迭代，就会训练出更高质量的ChatGPT模型。

到目前为止，为了适应自然语言对话等更加复杂的任务，在Transformer的基础上，ChatGPT系列模型进行了进一步的改进与优化，主要包括以下方面。

第一，更大的规模。随着硬件计算能力的提升，ChatGPT模型的规模不断扩大，参数数量达到了百亿甚至千亿级别。更大规模的模型能够处理更多的语义信息，从而提高生成文本的质量和准确性。

第二，更强的语言理解能力。ChatGPT通过在大规模文本数据上进行预训练，学习了丰富的语言知识和语义表示。这使得模型能够理解更加复杂的语言结构和含义，从而在对话和文本生成任务中表现更加出色。

第三，更好的上下文感知能力。为了提高模型对话的连贯性和上下文感知能力，ChatGPT模型引入了更长的上下文窗口，并采用了动态注意力机制等技术，使得模型能够更好地理解长篇对话和复杂语境中的信息。

综上所述，ChatGPT 的技术原理基于 Transformer 架构，利用自注意力机制实现了全局信息交互，在大规模数据上进行预训练，然后通过微调适应不同的任务。这种技术原理使得 ChatGPT 在自然语言处理领域取得了巨大成功，并在对话系统、文本生成等应用中展现出强大的性能。总之，ChatGPT 的技术原理和发展前景为我们展示了自然语言处理技术的无限潜力。通过不断改进和优化，ChatGPT 模型将继续为我们提供更加智能、自然的语言交互体验，推动人工智能技术在语言理解和生成领域的进一步发展。

2. Sora

（1）Sora 简介

2024 年 2 月，OpenAI 推出了一款名为 Sora 的先进的人工智能模型。该模型具有一项独特的能力：能够通过文本描述生成视频，为视觉创作带来全新的可能性，实现内容合成从文本到图像再到视频的领域跨越。不仅如此，Sora 具有多个令人惊喜的特点：首先，它具备合成 1 分钟超长视频的能力，以往的文本生成视频模型往往无法突破合成 10 秒连贯视频的限制；其次，Sora 视频呈现了自然世界中不同对象行为方式的"昨日重现"。例如，它能够有效模拟人物、动物或物品被遮挡、离开或回到视线的场景。Sora 视频演示以其高水准的制作，令业界为之震撼，其展示的能力可谓"无与伦比"。因此，有媒体认为 Sora 是数据驱动下对物理世界进行模拟的引擎。可以说，"文生视频"是多模态大模型的标志性进步和提升。然而，大模型信息本身是多样的，它包括文字、视频、语音；该领域的技术一直在进步，它不是完全革命性的，而是数据、模型量达到一定程度后的能力提升。

Sora 采用深度学习和生成式对抗网络（Generative Adversarial Networks，GAN）等先进技术，结合自然语言处理和计算机视觉领域知识，实现了从文本到视频的转换。其运行的过程为：首先，通过自然语言处理技术理解输入的文本描述，分析文本中的语义和情感信息，并将其转化为可操作的视觉元素；其次，利用生成式对抗网络技术生成视频；最后，Sora 采用了迁移学习的技术，从大量的视频数据中学习通用的视觉特征，并将这些特征应用于从文本到视频的转换过程中，从而提高了生成视频的质量和准确性。

（2）Sora 的技术原理

第一，自然语言理解（Natural Language Understanding，NLU）。Sora 通过自然语言理解技术来解析文本描述。这包括对输入的文本进行分词、词性标注、句法分析等处理，从而将自然语言转化为机器可以理解和处理的形式。通过自然语言理解技术，Sora 能够准确地理解文本中的含义、情感和语境，为后续的视频生成提供了基础。

第二，视觉特征提取。Sora 利用计算机视觉技术从大量的视频数据中提取视觉特征。这些特征包括颜色、纹理、形状、运动等，它们代表了视频中的重要信息和特征。通过深度学习模型，Sora 能够学习到这些特征的抽象表示，为后续的视频生成提供了丰富的视觉素材。

第三，视频生成模型。在理解文本描述和提取视觉特征的基础上，Sora 利用生成式对抗网络等技术构建了视频生成模型。生成式对抗网络由生成器和判别器组成：生成器负责从文本描述生成视频，而判别器则评估生成的视频与真实视频之间的差异，以不断优化生成器的性能；两个网络模型通过相互对抗来提升各自的算法能力，直到判决器无法分辨出合成图像与真实图像。

第四，结合与优化。Sora 引人注目的技术背后还遵循这一原理：对合成内容中的最小单元进行有意义的关联组合。举例来说，在维持连贯的语境下，将若干单词有序组合，构成富含意义的句子；在保持合理的视觉布局下，将多个图像小块有意义地组合，形成引人入胜的图像；在连贯的时空背景下，将一系列时空片段有意义地组合，拼接成引人入胜的视频。在整个过程中，Sora 将自然语言理解和计算机视觉技术相结合，实现了从文本到视频的转换。通过迭代优化，Sora 不断学习和改进，提高了生成视频的质量和准确性。浙江大学吴飞教授将此过程比作"鲁班学艺"。首先不断地将大桥拆散再拼装，然后从反复过程中知晓大桥的跨结构、支座系统、桥墩、桥台和墩台之间的组合关系，最后练就重建大桥的能力。可以说，Sora 合成视频的过程并非简单随机的"鹦鹉学舌"，而是对物理世界的重建。

第五，结果展示与反馈。Sora 生成的视频可以通过视觉界面进行展示，并接受用户的反馈和调整。用户可以根据需要对生成的视频进行修改和优化，从而满足不同的创作需求和偏好。此外，Sora 还可以利用迁移学习等技术，从大规模数据中学习到通用的视觉特征，从而提高模型的泛化能力和适应性。

总之，Sora 模型的技术原理基于自然语言理解、计算机视觉和生成式对抗网络等先进技术，实现了从文本描述到视频生成的转换。这一技术创新为视频创作提供了全新的可能性，推动了人工智能在视觉生成领域的发展和应用。或许可以这样理解 Sora 的出现：在亿万个非线性映射函数的作用下，人工智能模型通过对最微小的时空单元进行各种意想不到的组合，创造出以往从未有过的内容。这正是在数据、模型和算力三大支柱的推动下，人工智能迅速发展的必然结果。尽管 Sora 并未采用全新的技术，其使用的所有技术几乎都是已经公开的。然而，其视频生成方式对算力的需求极高，这种大量消耗算力和资金的方式显著提高了同行竞争者跟进的门槛。与此同时，Sora 通过对提示词进行润色与丰富，充分利用了 GPT 系统的优势。这一举措使其与之前的文本生成视频模型拉开了差距，形成了短期内难以被竞争对手追赶的优势。

Sora 模型的问世，为各种应用场景带来了无限可能性。第一，电影和动画制作。制片人和动画师可以利用 Sora 模型快速生成草图或预览视频，以帮助他们在制作过程中进行创意构思和设计。第二，虚拟现实（VR）和增强现实（AR）应用。Sora 可以为虚拟现实和增强现实应用生成逼真的环境和场景，为用户提供更加沉浸式的体验。第三，教育和培训。教育工作者和培训机构可以利用 Sora 模型生成生动形象的视频教材，以提升学习效果和吸引学生的注意力。随着人工智能技术的不断进步和 Sora 模型的持续优化，Sora 在视觉创作领域将会发挥越来越重要的作用。它将为创作者和艺术家提供更加强大的工具，推动视觉内容的创新和发展，引领视觉艺术的新潮流。总之，Sora 模型的问世标志着人工智能技术在视觉创作领域的巨大进步，它将为我们带来更加丰富、生动的视觉体验，为创意产业注入新的活力和动力。

二、前沿人工智能的特征与功能

（一）前沿人工智能的特征

前沿人工智能是以 ChatGPT、Sora 等生成式人工智能和大语言模型等为代表的人工智能技术，它具有拟人化、强交互性、强扩展性、持续学习和优化等特征（见表 1-1）。

表 1-1　前沿人工智能的特征

特征	表现	解释
拟人化	认知共鸣	汇聚并解析海量信息，模拟人类的思维模式进行学习与反馈

续表

特征	表现	解释
	情感共鸣	细腻感知用户情绪与偏好，模拟情感共情能力，展现理解人类的能力
	幽默表达	交流融入幽默色彩，运用日常语言让互动充满人性化，拉近人机距离
强交互性	即时性	即时处理用户输入，快速给出反馈
	个性化	基于用户历史询问和偏好进行个性化调整，提供更加符合用户需求的信息和服务
	多轮对话能力	在连续交流中保持上下文的一致性，为深入讨论提供基础
强扩展性	广泛的应用潜力	跨越传统界限，广泛融入各行业应用场景
	高度定制能力	针对特定任务或行业的数据微调，精准适配用户需求
	跨模态处理	无缝整合图像、音频等多种数据类型，在多媒体内容创作中凸显综合处理能力
	技术灵活性	灵活部署于多样化的平台，与各类技术无缝集成，推动性能边界与应用广度的拓展
持续学习和优化	实时反馈适应	即时吸纳用户反馈与新数据，实时优化输出，展示出动态适应环境的能力
	主动迭代升级	自我诊断弱点，在与用户交互的过程中不断提升性能

资料来源：作者自制。

第一，拟人化。ChatGPT类生成式人工智能通过精湛的自然语言处理技艺脱颖而出，不仅限于直接问题的解答，更深层地触及语言的微妙之处——理解隐喻、捕捉情绪色彩，乃至幽默与讽刺，营造出与真人交流的错觉。拟人化主要体现在三方面：一是认知共鸣，依托自注意力机制的深度学习核心，生成式人工智能犹如一位敏锐的倾听者，能够汇聚并解析海量信息，模拟人类的思维模式进行学习与反馈，实现了深层次的认知互动。二是情感共鸣，通过不断的学习进化，它能细腻地感知用户的情绪与偏好，模拟情感上的共情能力，仿佛能站在用户的角度思考，展现了对用户需求的深切理解。三是幽默表达，凭借对大数据的高效利用及灵活的自我调节，它能在交流中巧妙融入类人幽默，运用日常语言的轻松与随性，让互动洋溢着人性化的温馨与趣味，极大地拉近人与机器的距离。

第二，强交互性。这主要体现在即时性、个性化与持续对话能力等方面。一是即时响应，ChatGPT类生成式人工智能可以即时处理用户输入，快速给出反馈，从而提升用户体验。二是个性化输出，它不仅能对单一问题做出回应，还能基于用户的历史询问和偏好进行个性化调整，提供更加贴合用户需求的信息和服务。三是多轮对话能力，以 ChatGPT 为代表的生成式人工智能支持多轮对话，能在连续的交流中保持上下文的一致性，这意味着用户可以提出更复杂的问题，进行深入讨论，而不必每次重新解释背景信息，这大大提高了沟通效率。

第三，强扩展性。这主要体现在广泛的应用潜力、高度定制能力、跨模态处理及技术灵活性等方面。一是跨领域适用性，它跨越传统界限，广泛融入各行业应用场景，从法律咨询、医疗辅助到教育指导、创意写作乃至编程辅助，展现了广泛的适用潜力。二是深度定制化，通过针对特定任务或行业的数据微调，能够精准适配用户需求，展现出极高的灵活性与个性化定制价值。三是跨模态融合能力，不仅限于文本，生成式人工智能可以无缝整合图像、音频等多种数据类型，尤其在多媒体内容创作中凸显其强大的综合处理与创新生成能力。四是技术环境的泛化，它在技术实施上展现出非凡的灵活性，能跨越计算与存储资源的局限，灵活部署于多样化的硬件平台，并与各类技术无缝集成，不断推动性能边界与应用广度的拓展。

第四，持续学习和优化。生成式人工智能具有自我进化的能力，它通过持续学习与优化机制，确保性能的不断提升，体现在两个方面。一方面是实时反馈适应，在实际部署中，系统能即时吸纳用户反馈与新数据，利用这些实时信息优化输出，展示出动态适应环境的智慧。另一方面是主动迭代升级。依托大数据分析，大模型可以自我诊断弱点，实施目标明确的优化策略，不断拓宽知识范畴。在此框架下，模型经历定期的更新迭代，每次迭代不仅是版本的简单更替，更是智慧的深度与广度的双重跃升。简言之，通过一个闭环的反馈与学习系统，用户与大模型的每一次互动都是自我提升的契机，随着时间累积，其服务的精准度与功能性将经历由量变到质变的飞跃，持续引领技术前沿，满足日益增长的复杂需求。

（二）前沿人工智能的功能

前沿人工智能的功能涵盖多个领域，包括自然语言处理、计算机视觉、强化学习、自动化和智能化服务、个性化和定制化服务、跨模态融合和综合性能等。这些功能正在不断推动人工智能技术的发展和应用，为人类社会带来了更多的便利和创新。

第一，语言理解与生成的功能，表现在语言理解、生成和交互反馈三个方面。一是语言理解能力，大模型利用长短期记忆机制，能够捕捉文本中的上下文信息，比较准确地把握对话或文本的整体语境，识别用户输入信息背后的意图，分析文本中的情感倾向和隐含意义。二是语言生成能力，大模型生成丰富多样的文本内容，比如文章、故事、诗歌、代码、对话等多种形式，并通过微调或特定指令，调整生成文本的风格和语气，并展现出一定程度的创造性，譬如在艺术创作和创意写作中提出新颖的观点或解决方案。三是交互与反馈循环能力。大模型不仅可以实时处理用户输入的信息，实现无缝人机对话，而且可以通过用户的反馈不断迭代和优化，提高回答的准确度和用户的满意度。这些功能可提供智能助手、智能客服、智能翻译、信息查询、解答疑惑等服务。

第二，多模态内容生成与融合功能，包括视觉、音频和视频等方面。一是视觉艺术与设计，大模型等前沿人工智能可以创造出逼真的图像，提供新颖的视觉体验和创意灵感，实现艺术风格的迁移，进行图像修复，可应用于艺术创作、广告设计、游戏开发、历史文物修复等领域。二是音频与音乐创作，它可以通过语音合成，生成逼真的人类语音，进而应用于有声读物、虚拟助手、自动客服；还可以生成音乐，创作出具有旋律、和声和节奏的音乐作品，为背景音乐、电影配乐等提供创新的音乐素材，丰富音乐创作的途径。三是视频内容生成，它可以进行视频合成与编辑，用于电影制作、虚拟现实体验，带来沉浸式的视觉享受，并通过视频剪辑和合成，优化视频制作流程，进而提高视频内容生产的效率和质量。总之，前沿人工智能技术能够实现对图像和视频数据的理解、分析和处理，包括图像识别、目标检测、人脸识别等功能，可应用于智能监控、自动驾驶、医学影像分析等领域。

第三，信息处理和辅助决策功能，包括信息处理、辅助决策和报告生成等方面。一是信息处理能力，它从大量文本数据中提取关键信息，如内容归纳、市场趋势预测、用户评论分析、产品反馈等，为数据分析提供高质量的素材。二是辅助决策能力，基于大量数据、知识库以及复杂的算法模型，开展预测分析、情景模拟、风险评估并提供优化建议，进而为用户提供决策支持。三是报告生成能力，它自动生成包含关键指标、趋势分析和建议的定制化报告，以图表、图形等形式实现可视化，并通过自然语言接口提供交互式的报告或查询服务，从而为企业等组织决策提供辅助。

第四，个性化推荐功能。大模型等前沿人工智能可以通过深度学习技术处理海量用户行为数据、内容特征数据及上下文信息，构建用户画像和内容模型，进而理解用户的偏好、兴趣、历史行为等多维度信息，并据此生成个性化的推荐内容；还可以给予实时学习能力，根据用户的即时反馈和行为动态调整推荐策略，实现快速迭代和优化，从而动态地适应用户的个性化需求。该功能应用场景丰富，在电子商务场景中，可以精准推荐相关产品，提高用户满意度和销售额；在新闻媒体中，可以为用户推送定制化新闻、文章、视频等内容，确保用户看到的信息既符合其兴趣又具有时效性；在教育中，能够创建定制化学习路径，根据学生的学习进度、能力水平和弱点提供适合的学习资源和练习题，促进个性化教学，提高学习效率；在医疗中，可以基于患者的基因信息、病史、生活习惯等数据，推荐更适合个体的干预措施或治疗方案。

除以上功能外，前沿人工智能还可以生成代码、翻译多种语言、模拟对话及角色扮演、担任虚拟助手、监控网络安全、提供语音交互与无障碍服务等。

三、前沿人工智能的优势与局限

（一）前沿人工智能的优势

随着前沿人工智能的发展，ChatGPT、Sora 等人工智能技术具有显著优势，正以前所未有的姿态重塑人类与信息世界的连接方式。它们在理解和生成自然语言方面表现出色，能够产生流畅、自然的文本，为对话系统、内容创作和语言翻译等领域带来巨大的变革。从个性化教育到高效办公，从创意写作到精准医疗咨询，AI 以其无尽的知识库与不间断的服务周期，为各行各业注入革新活力，推动社会生产力的跃升。它不仅缩短了信息查询与决策制定的时间，更通过模拟人类智慧，开启了个性化定制服务的新篇章，为用户带来前所未有的便捷与效率。

第一，复杂问题求解能力。前沿人工智能技术，特别是深度学习和强化学习等方法，能够处理和解决复杂的问题，如图像识别、自然语言理解、智能决策等。这些技术在大规模数据和高维空间中展现出了强大的处理能力，可以完成人类无法完成的复杂任务。

第二，自动化和效率提升。前沿人工智能技术可以实现自动化和智能化的处理，大大提高了生产效率和工作效率。例如，在工业生产中，自动化的机器人系统可以实现精确的生产和装配；在商业运营中，智能推荐系统可以提高用户体验和销售额。

第三，个性化和定制化服务。前沿人工智能技术可以根据个体的需求和偏好提供个性化和定制化的服务。例如，智能推荐系统可以根据用户的历史行为和兴趣推荐个性化的产品和服务；智能医疗系统可以根据患者的病情和身体特征提供个性化的治疗方案。

第四，跨模态融合和综合性能。前沿人工智能技术能够实现跨模态数据的融合和处理，从而实现更全面和综合的性能。例如，多模态融合技术可以同时处理图像、文本和声音等多种类型的数据，为复杂任务提供更全面的解决方案。

（二）前沿人工智能的局限

尽管前沿人工智能技术的发展令人惊艳，但是它并非完美无缺。例如，它依赖大量数据，存在数据偏见和误导性；解释性差，对计算资源需求高；潜藏着诸多安全与隐私问题隐患。因而在应用这些模型的同时，我们需要深入研究和解决这些局限性，以确保人工智能技术的可持续和健康发展。

第一，数据依赖性。前沿人工智能技术对大量的标注数据依赖性较高，需要大量的数据来训练和优化模型。特别是在数据稀缺或不平衡的情况下，对于一些领域和任务来说这可能是一个挑战。

第二，可解释性和透明性。一些前沿人工智能模型的可解释性和透明性较差，难以解释其决策过程和推理规则。这给一些敏感领域，如医疗诊断和司法判决等，带来了一定的风险和挑战。

第三，泛化能力和稳定性。一些前沿人工智能模型在面对复杂和未知的情况时，泛化能力和稳定性较差，容易出现过拟合或性能下降的情况。这需要进一步提高模型的泛化能力和稳定性，以应对复杂的现实环境。

第四，道德和伦理问题。人工智能技术的发展带来了一些道德和伦理问题，如隐私保护、数据安全、人工智能歧视等。这些问题需要政府、企业和学术界共同努力，制定相关的政策和法规，保障人工智能的安全和可持续发展。

综上所述，前沿人工智能技术具有强大的问题求解能力、自动化和效率提升、个性化和定制化服务、跨模态融合和综合性能等优势，但也面临着数据依赖性、可解释性和透明性、泛化能力和稳定性、道德和伦理问题等局限。只有充分认识这些优势和局限，才能更好地推动人工智能技术的发展和应用。

参考文献

［1］European Commission. A definition of AI: Main capabilities and scientific disciplines ［EB/OL］.https://ec.europa.eu/futurium/en/ai-alliance-consultation/guidelines.1.html.

［2］方旭.从 ChatGPT 看人工智能时代意识形态领域运作表征与风险防范［J］.毛泽东邓小平理论研究，2023（5）：35-44+108.

［3］冯永刚，席宇晴.人工智能的伦理风险及其规制［J］.河北学刊，2023（3）：60-68.

［4］梁正，何江.ChatGPT 意义影响、应用前景与治理挑战［J］.中国发展观察.2023（6）：25-29.

［5］刘金瑞.生成式人工智能大模型的新型风险与规制框架［J］.行政法学研究，2024（2）：17-32.

［6］刘艳红.生成式人工智能的三大安全风险及法律规制——以 ChatGPT 为例［J］.东方法学，2023（4）：29-43.

［7］Long Ouyang，Jeff Wu，Xu Jiang，et al.Training language models to follow instructions with human feedback［J］.arXiv：2203.02155［cs.CL］，2022.

［8］齐佳音.从 ChatGPT 谈人工智能时代的管理范式变革［N］.中国社会科学报，2023（7）.

［9］容志，任晨宇.人工智能的社会安全风险及其治理路径［J］.广州大学学报（社会科学版），2023（6）：93-104.

［10］王思远.民间"AI 课掘金热"与业界 Sora 焦虑症［EB/OL］.（2024-03-01）［2024-04-18］.https：//mp.weixin.qq.com/s/QH1agFTFYf7I5ujnmN5OBg.

［11］温晓年.ChatGPT 的意识形态风险审视［J］.西北民族大学学报（哲学社会科学版），2023（4）：99-108.

［12］吴飞.Sora"超级涌现力"将把 AI 引向何方［EB/OL］.（2024-02-28）［2024-04-08］.https：//mp.weixin.qq.com/s/3H79wpsCXm2-kxX5tIr3Ig.

［13］西桂权，谭晓，靳晓宏，等.挑战与应对：大型语言模型（ChatGPT）的多样态安全风险归因及协同治理研究［J］.新疆师范大学学报（哲学社会科学版），2023（6）：131-139.

［14］向继友，吴学琴.ChatGPT 类生成式人工智能的意识形态风险及其防控策略［J］.江汉论坛，2023（12）：53-59.

第二章
前沿人工智能的发展与应用

一、前沿人工智能的发展现状

数据、算力、算法作为人工智能的三大基本要素，相互依存、相互支撑，共同促进人工智能快速发展。本节将从三大要素层面梳理前沿人工智能的发展现状。

（一）数据要素发展现状

数据产量高速增长，数据要素市场潜力巨大。目前，全球超大规模数据中心有一半位于中国和美国。根据 2024 年全国数据工作会议报告，经初步测算，2023 年我国数据生产总量预计超过 32ZB。根据 Statista 统计和预测，2025 年全球数据量将达到 174ZB，中国整体数据量将达到 48.6ZB，占全球数据规模的 27.9%，将超过美国成为世界最大数据生产国；2035 年，全球数据量将达到 2142ZB。为了支撑海量数据要素的流通和交易，我国组建国家数据局，协调推进数据基础制度建设、数据资源整合共享和开发利用等工作，并加快构建全国一体化算力网络、数据中心规模、云计算服务能力、5G 基站数量等数据流通利用基础设施，大部分省份配套设立数据发展促进中心，组建数据集团。国家数据局党组书记、局长刘烈宏表示，截至 2023 年底，八大枢纽节点数据中心机架总规模超过 105 万标准机架，平均上架率达到 61.9%，较 2022 年提升 3.9 个百分点。

数据成为新型生产要素，数据驱动数字经济稳步发展。数据要素中可提炼出信息、知识、智慧，因此被看作新一代信息技术下的新的生产资源，被广泛应用于金融、物联网、零售、医疗健康、航空航天等各领域，已快速融入生产、分配、流通、消费和社会服务管理等各环节，成为产业智能化升级、社会生产生活方式变革的重要力量及经济发展新动能。麦肯锡预测，数据流动量每增加 10%，就将带动 GDP 增长 0.2%。按照到 2025 年全球数据总量预计达 174ZB 计算，对经济增长的贡献有望达到 11 万亿美元。作为数字化的知识和信息，数据要素与数字经济发展密不可分。整体来看，数字经济重地主要是美洲、亚洲和欧洲。2022 年，美国、中国、德国、日本、韩国这 5 个世界主要国家的数字经济总量为 31 万亿美元，数字经济占 GDP 的比重为 58%，较 2016 年提升约 11%；数字经济规模同比增长 7.6%，高于 GDP 增速 5.4 个百分点。2022 年，中国数字经济规模达到 50.2 万亿元，同比名义增长 10.3%，已连续 11 年显著高于同期 GDP 名义增速，数字经济占 GDP 的比重相当于第二产业占国民经济的比重，达到 41.5%[①]。

　　数据质量影响人工智能应用性能，高质量的数据有助于提高人工智能决策的解释性和透明度。数据在人工智能中扮演着至关重要的角色，主要应用体现在以下几方面。一是机器学习，数据可以用于机器学习算法的训练和优化，使人工智能系统能够从中学习并改进其性能，通过大量数据的训练，机器学习模型可以自动发现数据中的模式，并据此进行预测或决策。二是自然语言处理，数据为自然语言处理提供了丰富的语料库，用于训练模型以提高机器对语言的理解和生成能力，这使得机器能够更准确地解析人类语言，实现智能对话、文本分类、情感分析等功能。三是图像识别，大量的图像数据可以用于训练图像识别模型，使其能够识别出各种物体、场景和特征，这对于自动驾驶、安防监控、医疗影像分析等领域具有重要意义。四是推荐系统，数据在推荐系统中发挥着至关重要的作用。通过对用户行为数据的收集和分析，推荐系统能够了解用户的兴趣和偏好，从而为用户推荐个性化的内容或产品。五是智能决策，在诸多领域，如金融、医疗、制造等，数据可以帮助人工智能系统进行智能决策。通过对大量数据的分析，系统可以发现潜在的风险和机会，为决策者提供有力支持。

与此同时，数据要素的发展仍面临以下问题。

一方面，数据瓶颈问题掣肘人工智能发展，高质量中文数据产业化程度不足。据人工智能研究机构 epoch 的研究预测，语言数据可能在 2030 年至 2040 年耗尽，其中能训练出更优性能的高质量语言数据甚至可能在 2026 年耗尽。全球数据存量的增长速度远不及数据集规模的增长速度，数据要素面临有效数据不足的发展瓶颈。另有研究显示，1900—2015 年，收录于 SCI 的 3000 多万篇文章中，92.5% 的文章是以英文发表的；SSCI 出版的 400 多万篇文章中，93% 的文章是用英文发表的。在 ChatGPT 的训练数据中，中文语料比重不足千分之一，英文语料占比超过 92.6%。这一现象反映出优质中文语料的缺失，加之高质量中文数据产业化程度不足、大数据服务盈利前景不佳、标准化的数据服务商缺乏、定制化数据服务价格高昂等因素，"让 AI 学会说好中文成为一件难事"①。

另一方面，数据开放流通程度与驱动价值有待提高，数据要素高水平应用仍面临多重治理挑战。目前，数据采集面临碎片化、非标化困境，海量数据存储面临成本高等问题。由于数据权属关系难以界定、数据要素收益分配机制和数据交易尚不规范、缺乏统一数据标准规范和数据交换共享平台等因素，数据开放、流通、共享受限，部分领域

---

① 魏尔德. 国产大模型深度：竞争格局、发展现状及应用端深度梳理 [EB/OL]. （2023–10–09）[2024–06–22].https://mp.weixin.qq.com/s/V1qhuqJEve8utSRGvAXfLA.

封闭式的数据生态进一步加剧了"数据孤岛"现象，难以实现有效整合流通和深度挖掘，数据分析应用程度不足，未发挥数据深层次分析优化的驱动价值。此外，数据的广泛应用也引起了新的治理难题，如何管理规模庞大的数据要素市场、制定符合当下需求的数据要素治理规则、确保数据的代表性以避免偏见和歧视、解决数据安全与隐私保护问题等已然成为全球面临的新挑战。

（二）算力要素发展现状

全球算力产业快速发展且竞争加剧，我国算力产业进入增长新周期。中国信息通信研究院发布的《2023 年中国算力发展指数白皮书》显示，美国、中国、欧洲、日本在全球算力规模中的份额分别为 34%、33%、17%、4%。其中，美国和中国以 35%、27% 的全球基础算力份额分列前两位。算力成为各国抢占发展主导权的重要手段，全球主要国家和地区纷纷加快战略布局进程。算力规模持续增长，并开始向制造、金融和电信等传统行业及政府部门渗透。

算力发展推动经济数字化转型，我国多措并举推动算力"质""量"提升。算力发展与全国一体化算力网建设已成为数字经济发展的重要支柱，对推动我国经济向数字化转型发挥着关键作用。正如中国工程院院士高文提出的，算力就是生产力，有算力就会有 GDP，算力网就是要把算力像电力一样送到需要的地方。随着大数据、云计算、人工智能等技术的快速发展，我国的算力需求不断增长，尤其是生成式人工智能的出现和兴起给底层算力带来了新的挑战，与传统的判断式人工智能不同，生成式人工智能不再依赖于人工，而是具备了学习知识、处理知识和循环迭代的能力，这带来了更高功耗和密度的算力需求。为推动算力行业高质量发展，我国政府多措并举，正式启动"东数西算"工程，完善东西部算力协同调度机制、构建全国一体化算力网、适度超前建设算力信息设施、统筹建设算力节点。

　　算力基础设施市场长足发展，我国算力整体布局持续优化。算力基础设施是算力的主要载体。我国在全国各个算力枢纽节点建设方面取得了显著进展。通过整合和优化全国范围内的算力资源，加速构建普惠易用、绿色安全的综合算力基础设施体系，以实现算力资源的多元集聚和协同调度，初步建构了梯次优化的算力供给体系，算力基础设施的综合能力显著提升，推动算力产业持续创新发展并赋能各行各业。工业和信息化部的数据显示，截至2023年6月底，全国在用数据中心机架总规模超过760万标准机架，算力总规模达到197EFLOPS，算力总规模近5年年均增速近30%，存力总规模超过1080EB。为持续优化算力整体布局，2023年10月印发的《算力基础设施高质量发展行动计划》提出，到2025年，算力规模将超过300EFLOPS，智能算力占比达到35%，从计算力、运载力、存储力、应用赋能4个方面明确了2025年发展量化指标。这一系列举措有助于支持各行各业的数字化转型，推动我国数字经济快速发展，算力融合应用加速涌现。

　　通用算力相对充足，智能算力供给不足成为我国"算力荒"主要矛盾。我国的算力需求主要分为通用算力、智能算力和超算算力三种类型。当前，通用算力相对充足，而智能算力的供给不足成为"算力荒"的主要方面。研究机构数据显示，随着大模型训练需求的不断增长，智能算力的增长速度将远超通用算力，预计到2027年全球智能算力规模将达到1117.4EFLOPS，相当于2023年中国414.1EFLOPS的2.7倍、2020年的15倍[①]。算力作为大模型落地比较高的门槛，我国已在国家层面统筹部署算

　　① IDC China，浪潮信息．2023—2024年中国人工智能计算力发展评估报告［EB/OL］．（2023–12–01）［2024–06–27］．https://www.ieisystem.com/global/file/2023–12–01/17014097286402c975afc8bfb91fe59018c23ec288049fd.pdf．

力网、算力中心等建设。2024 年《政府工作报告》明确提出，适度超前建设数字基础设施，加快形成全国一体化算力体系，培育算力产业生态。

算力供给紧张、资源分散且利用效率不高，我国算力高质量发展仍面临挑战。一方面，我国算力核心技术创新不足，算力设施的国产化比例低，芯片、光刻机、存储器等算力核心器件几乎完全依赖进口，英伟达 GPU 几乎占据了全球接近 80% 的市场[①]。尽管国产高端 GPU 发展势头迅猛，但市场认可度不高，芯片算力利用效率与先进水平相比还存在差距，且算力产业生态体系基础薄弱，大范围推广使用面临较高的迁移成本，在公平规范的算力市场、分布式算力的集约化应用等方面还需探索全体系协同、多路径互补的发展路径。另一方面，算力应用的广度和深度仍需提升，垂直行业的算力需求匹配度依然不足，还存在标准不足、数据共享不够、资源接口不统一等壁垒，算力应用赋能程度不足。中国信息通信研究院院长余晓晖提出，要强化顶层设计、加快标准建设、攻关核心技术、构建算力市场以及推动算力服务，统合形成标准化可调度的算力服务、实现全国资源优化配置和算力高效服务、构建全国一体化智算平台，要发挥"集中力量办大事"的制度优势、加强绿色算力战略研究、推动算力互联与协同计算。

（三）算法与模型发展现状

算法作为人工智能产业发展的核心要素之一，指的是强制给定的有限、抽象、有效、复合的控制结构，在一定的规则下实现特定的目的，具有神经网络、卷积神经网络、机器学习、深度学习等多种表现形态。对计算机来说，算法就是处理信息的原理与遵循。理想状态下，算法能够将人的思维过程以形式化的方式输入计算机，使其可以不停

---

① 央广网.算力——新的关键生产力［EB/OL］.（2023-06-23）［2024-05-12］. https://www.163.com/dy/article/I7V1QTU50514R9NP.html.

地执行命令从而实现所设定的目标。2022 年 11 月 30 日，ChatGPT 为代表的 AI 大模型作为算法"作品"的新兴形态火爆出圈，推动算法走向 AI 大模型时代。ChatGPT 发布仅一周就已拥有超过 100 万用户，在推出仅两个月后的 2023 年 1 月末，其月活用户已经突破 1 亿。作为史上用户增长速度最快的消费级应用程序，ChatGPT 已然成为火爆全球的一款现象级产品。

Transformer 架构开启算法模型快速发展时代，多模态通用 AI 大模型成为发展趋势。2017 年，谷歌颠覆性地提出了基于自注意力机制的神经网络结构——Transformer 架构，奠定了大模型预训练算法架构的基础。2018 年，OpenAI 和 Google 分别发布的 GPT-1 与 BERT 大模型，意味着预训练大模型成为自然语言处理领域的主流。以 Transformer 为代表的全新神经网络架构，奠定了大模型的算法架构基础，开启了大模型发展的新纪元，经历了单语言预训练模型、多语言预训练模型及多模态预训练模型发展，多模态通用 AI 大模型成为发展主流趋势。

我国 AI 大模型数量及研制主体数量可观，为市场增长提供发展新动力。2023 年 5 月，科技部新一代人工智能发展研究中心发布的《中国人工智能大模型地图研究报告》显示，在全球已发布的认知大模型中，美国和中国占比超 80%，中国研发的大模型数量排名全球第二，且有超过半数的大模型实现开源。国家数据局局长刘烈宏在中国发展高层论坛 2024 年年会上透露，截至 2024 年 3 月 25 日，我国 10 亿参数规模以上的大模型数量超过 100 个，大型科技公司、科研院所和初创科技团队成为大模型研发主力军。相关数据显示，截至 2023 年底，我国人工智能核心产业规模接近 5800 亿元，已经形成了京津冀、长三角、珠三角三大集聚发展区，核心企业数量超过 4400 家，居全球第二位。2024 年 4 月 2 日，国家互联网信息办公室发布的《生成式人工智能服务已备案信息》公告显示，截至 2024 年 3 月，我国已有 117 个大模型成功备案。AI 大模型从专用 AI 作坊走向通用 AI 规模化工业化生产，在垂直应用领域不断深化落地，为市场增长提供发展新动力。

多而不强，我国算法大模型发展面临多重挑战。近年来，我国出台了《新一代人工智能发展规划》《关于加快场景创新以人工智能高水平应用促进经济高质量发展的指导意见》等一系列政策文件以支持算法模型的发展。2024 年《政府工作报告》中明确提出开展"人工智能 +"行动，旨在深化人工智能在各产业领域落地应用并加速形成新质生产力。我国 AI 大模型发展还面临着算法模型训练依赖国外高性能 AI 芯片、国内算力资源相对有限、高质量且多源的中文训练数据集稀缺、算法研发的复合型人才缺失、数据安全与隐私保护不完善、公平性和可解释性不足、大模型应用场景开放不足等发展挑战。

二、前沿人工智能的产业生态概况

（一）前沿人工智能的产业发展现状

AI 大模型上中下游产业链加速发展，多地出台 AI 大模型产业发展支持政策。AI 大模型产业链的上游产业包括云计算、数据库、芯片、服务器等软硬件，中游产业为 AI 大模型算法研发与模型管理维护，下游产业为内容生产、对话引擎等 AI 大模型落地领域及具体应用场景[①]。目前，我国北京、上海、广东、安徽、福建、深圳、杭州、成都等多地均出台了 AI 大模型产业发展政策，推动多模态大模型关键技术创新，重点打造基于国内外芯片和算法的开源通用大模型，支持重点企业研发迭代 CV 大模型、NLP 大模型等领域大模型及行业大模型，

---

① 　资料来源：北京智源研究院、中金公司研究部。

助力中小企业深耕垂直领域，打造专用模型，建构高效协同、具备国际竞争力的大模型产业生态，从企业落户、优先匹配算力、提供发展要素资源、专项奖励等政策、技术、市场角度为产业发展提供多方助力。

产业界主导人工智能前沿研究，AI 大模型投资及成本持续增加。斯坦福大学以人为本人工智能研究所（Stanford HAI）发布的《2024 年人工智能指数报告》显示，2023 年，产业界产生了 51 个著名的机器学习模型，学术界贡献了 15 个，产学合作产生了 21 个著名模型；108 个新发布的基础模型来自工业界，28 个来自学术界。其中，美国成为顶级人工智能模型的主要来源国，2023 年 61 个著名的人工智能模型源自美国的机构，远超欧盟的 21 个和中国的 15 个。2023 年，行业对生成式人工智能的投资达 252 亿美元，同比增长了近 8 倍，OpenAI、Anthropic、Hugging Face 和 Inflection 等代表性生成式人工智能都获得了一轮可观的融资。作为人工智能投资首选地，美国在人工智能领域的私人投资总额为 672 亿美元，是中国的近 9 倍。但与此同时，先进 AI 大模型的训练成本已经达到前所未有的水平，数据显示，OpenAI 的 GPT–4 估计使用了价值 7800 万美元的计算资源进行训练，而谷歌的 Gemini Ultra 的计算成本则高达 1.91 亿美元。

国内外 AI 大模型竞争白热化，逐渐形成"千模大战"产业生态雏形。在国外，OpenAI 推出 GPT–4 大模型并发布爆款产品 ChatGPT，谷歌推出 PaLM 2 大模型，Anthropic 公司推出媲美 ChatGPT 的聊天机器人 Claude。中国科学技术信息研究所、科技部新一代人工智能发展研究中心联合发布的《中国人工智能大模型地图研究报告》显示，截至 2023 年 5 月，美国已发布 100 个参数规模 10 亿以上的大模型，在基础大模型上保持领先优势，形成了"OpenAI 及谷歌双龙头 +Meta 开源追赶＋垂类特色厂商"的发展格局①。在我国，百度推出文心一言、阿里发布通义千问、商汤科技推出日日新 SenseNova、华为推出盘古大模型、科大讯飞推出星火认知大模型等。国内外产投研界均已加快布局步伐，多国部署专业研发团队，投创界积极入局大模型竞赛，科技龙头企业结合自身优势以及自由产业生态密集发布自研大模型，逐步呈现"千模大战"的产业生态雏形。

（二）前沿人工智能的商业部署现状

AI 大模型以内部应用为主并逐渐拓展至 B 端和 C 端，商业化落地进程缓慢。人民网财经研究院等联合发布的《开启智能新时代：2024年中国 AI 大模型产业发展报告》指出，可按照部署方式将 AI 大模型分为云侧大模型和端侧大模型两类，其中，云侧大模型分为通用大模型和行业大模型，端侧大模型主要有手机大模型、PC 大模型。中国移动研究院 2023 年 4 月发布的《我国人工智能大模型发展动态》提出，目前大部分企业前期以内部应用 AI 大模型为主，后续主要向 B 端企业拓展服务，预计少数企业将在 C 端个人用户市场形成规模，且可通过按量付费、SaaS 模式的订阅付费、打造一体化解决方案并提供增值服务、依靠用户流量进行广告变现等实现商业模式落地。但目前商业化落地进程仍处于初步探索阶段。众多 AI 大模型大多处于发布会阶段，且极少在公开场合提及商业落地，远未达到可商业化程度，当前全球只有 OpenAI 能够真正达到通用 AI 商业化，且拥有绝大部分用户的市场。

"通用大模型＋产业模型"适配场景需求，AI 大模型层次化体系赋能垂直行业发展。通用 AI 大模型落地部署所需的高昂算力成本和庞大

---

① 魏尔德. 国产大模型深度：竞争格局、发展现状及应用端深度梳理 ［EB/OL］.（2023-10-09）［2024-06-22］. https://mp.weixin.qq.com/s/V1qhuqJEve8utSRGvAXfLA.

数据量催生了"通用大模型＋产业模型"模式，垂直行业成为 AI 大模型主战场。产业模型在研发门槛、算力成本及应用灵活性等方面更具优势，在细分垂类领域的适配性上也更胜一筹。产业模型根据不同细分行业的需求，基于大模型进行迁移学习，利用知识蒸馏、剪枝等技术手段优化训练垂类小模型，更好地适配细分垂直领域。通过大小模型结合的层次化部署方式缓解资源占用与性能最大化间的矛盾，在资源受限环境中稳定运行，使得在小型化、移动化设备上运行 AI 大模型成为可能。

AI 大模型"开源＋闭源"双轮驱动，小型开发者调用大模型能力提升开发效率。AI 大模型闭源模式有助于保护知识产权、保持核心竞争力并提供更优质稳定的服务，而开源协作有助于生态伙伴高效利用 AI 大模型且加速生态化进程，进而充分吸纳各方反馈及其创新成果，并巩固方向引领地位。同时，开源大模型可作为商业闭源大模型的有力补充，可满足用户长尾需求以及中小企业的增长需求，或将成为弯道超车的关键。在 AI 大模型行业部署中，存在开源、闭源、开闭源混合等多种复杂模式，既有探索开源路径的 OpenAI，也有坚持闭源策略的百度。在未来的发展中，不同企业会根据公司战略目标、技术实力和市场环境，选择合适的开源或闭源策略，小型开发者可调用大模型能力提升开发效率。

（三）前沿人工智能的产业变革趋势

大模型加速 AI 产业化进程，预计未来 AI 市场规模将超万亿元。大模型凭借其多模态复杂任务学习的能力、更强的数据处理能力以及广泛的应用场景，提高了 AI 系统的性能和通用性，为 AI 产业化进程提供了强大的支持，"模型即服务"产业生态逐步形成。国内外互联网大厂扎堆入局，新的领域巨头、周边产业、类 AI 大模型应用以及智力服务类应用市场都将成为受益对象。AI大模型将成为基础设施并再次引爆生产力革命，促进创造性工作深化分解，为行业知识模型化提供新界面，加速形成新质生产力。国际数据公司（IDC）预测，2028年大模型市场规模将达到1095亿美元。《中国AIGC产业全景报告暨AIGC 50》预计，2030年我国AIGC市场规模将达1.15万亿元。

颠覆劳动力市场，AI大模型推动人机分工式混合劳动力成为用工主导范式。AI大模型可根据人类的反馈进行强化学习，促进AI从劳动辅助工具逐渐演化成初步具备自主能动性、可与人并肩协作互动的劳动行为主体，进而实现人机高效分工协作。同时，AI大模型将推动人类智力劳动深度细化分解，将其中大量重复性、结构化、高度依赖既往经验的相关工作深化剥离并交由AI大模型承担，促进以人机分工为代表的第四次社会大分工时代的加速到来，人机分工协作式混合劳动力将成为未来劳动用工的主导范式。此外，AI大模型可能会颠覆劳动力市场旧有竞争模式，"降维打击"缺少工具赋能的竞争者。人类与AI大模型将成为"队友"。

推动行业知识模型化，AI大模型助推智力密集型服务产业规模化。AI大模型突破由行业专家归纳提炼知识的传统模式，能够借助自然语言交互方式进行高效建模整理，并通过与人类专家组成人机团队来实现行业知识模型化。作为高效的数智化知识服务工具，AI大模型已初步实现在知识领域通用化大模型与专用化小模型并进，且正在采用"技术人员+AI大模型+数据"的模式逐步取代权威专家，使传统智力密集型服务规模化、市场化、个性化乃至边际成本趋于零成为可能，从而充分应用AI大模型助力智力密集型服务的数智化转型，赋能垂直专用场景下智力服务的规模化商用，实现咨询行业等传统智力服务规模化个性定制。

三、前沿人工智能的应用前景

以 AI 大模型等为代表的前沿人工智能具有广阔的应用前景，它提供了更强大的能力和效果，前沿人工智能的发展也推动了大模型的不断进步和创新。前沿人工智能的价值前景，本质就是 AI 大模型的应用场景，其应用场景主要分为三类：功能性应用场景、水平领域应用场景、垂直领域应用场景。

（一）功能性应用场景

在功能性应用场景方面，AI 大模型可以助力文本生成、音频生成、图像生成、视频生成、代码生成、3D 模型生成等领域。（1）对于文本生成而言，AI 大模型可以应用于文案写作和会议纪要等方面。2023 年，北京智谱科技有限公司基于 AI 大模型开发的"写作蛙"充分助力文本写作；2023 年 6 月，阿里系大模型通义听悟的发布使得人们在整理会议纪要方面大大提高了效率。（2）对于音频生成而言，AI 大模型可以应用于智能语音助理、电话客服、语音文章播报等方面。2024 年 3 月 29 日，OpenAI 在官网首次展示了全新自定义音频模型 Voice Engine，用户只需要提供 15 秒左右的参考声音，通过 Voice Engine 就能生成几乎和原音一模一样的全新音频。（3）对于图像生成而言，AI 大模型可以应用于电影特效制作、医疗诊断分析等方面。2024 年初，Google Bard 新增了生成图片的功能，用户只需要在 ImageFX 上描述图片，Bard 就可以基于 Gemini Pro 和 Imagen2 这两个模型生成对应图片。（4）对于视频生成而言，AI 大模型可以应用于自动分析视频内容、生成视频字幕等方面。2024 年 2 月，美国 OpenAI 发布的文生视频模型 Sora 火爆全球，可以创作相当逼真的视频，已经被推广到好莱坞等使用；国内产业界也纷纷入局，如字节跳动推出视频模型 Boximator、剪映海外版 Capcut 的 AI 生成视频功能在 2024 年 2 月 22 日开放公测、百度推出视频生成模型 UniVG、腾讯推出视频生成模型 VideoCrafter。（5）对于代码生成而言，AI 大模型也可以应用于辅助写代码、代码优化等方面。2024 年 4 月，阿里云智能集团研发了 AI 智能编程助手通义灵码，每天它所写的数百万行代码被程序员采纳。（6）对于 3D 模型生成而言，AI 大模型还可以应用于智能生成 3D 模型、降低设计门槛等方面。2024 年 2 月底，Stability AI 的图形学和机器视觉领域杰出人才 Christian 官宣和华人团队 VAST 联合推出 3D 生成模型 TripoSR，只需 0.5 秒就能把单张图片转化为一个几何结构完整、材质纹理清晰的 3D 模型。

（二）水平领域应用场景

在水平领域应用场景方面，AI 大模型可以助力办公、元宇宙、机器人、数字员工、科学研究、搜索、设计、广告营销等领域。（1）在办公层面上，AI 大模型可以助力数据处理、数据分析、文件与资料整理、决策优化及 Office 智能等方面。2023 年 3 月，微软将 GPT-4 与 ChatGPT 能力融入 Office 365，提升了办公效率；5 月，Bard 和 Google Workspace 同步宣布 Workspace 的团队用户即日起可以申请体验由 Bard 大模型驱动的生成式 AI 工具；12 月，商汤科技对基于 AI 大模型研制的办公小浣熊开放公测，用来促进办公数据分析。（2）在元宇宙层面上，AI 大模型可以服务于交互控制、感知和三维内容构建等方面。2023 年 10 月，百度通过大模型搭建元宇宙会场，为用户开启了别样的极致体验。（3）在机器人层面上，AI 大模型可以助力决策、感知与控制等。2024 年 3 月，优必选基于百度千帆 AppBuilder 开发，快速构建任务规划与执行能力，实现人形机器人 Walker S 与百度文心大模型技术深度融合；又如，OpenAI 与 AI 初创公司 Figure AI 合作推出人形机器人 Figure 01。（4）在数字员工层面，AI 大模型也可以实现高效协同、多面手、个性化服务、智能决策等功能。2024 年 1 月 9 日，科大讯飞星火大模型数字员工新品发布会现场，大家都被"员工"们高效的营销、评标、做 PPT、文案操作所震惊。（5）在科学研究层面，AI 大模型可以推动数学、物理、化学材料、生物医学等学科的发展，促进"AI for Science"，也会助力科研检索。数学中的 AI 助力求解偏微分方程、物理学中的 AI 处理大型强子对撞机的海量数据、生物医学中的 AIphaFold 与 RoseTTAFold、材料科学中的 AI 预测，都需要 AI 大模型；2024 年 1 月 16 日，全球知名期刊出版商爱思唯尔（Elsevier）推出了 ScopuS，可以为论文检索与摘要整合赋能。（6）AI 大模型在搜索、设计和广告营销等水平领域也发挥着举足轻重的作用。2024 年 3 月 5 日，根据《华尔街日报》报道，海外 AI 搜索初创企业 Perplexity 将敲定一笔新的融资交易，公司估值有望接近 10 亿美元；2023 年英伟达发布了拥有 430 亿个参数的大语言模型 ChipNeMo，支持问答、EDA 脚本生成、Bug 总结和分析等任务，从而帮助芯片设计师更有效地完成工作；微盟 WAI 应用大模型与 AIGC 技术结合，使创意图片在内的广告内容生成效率提升 50% 以上，同时 AI 生成内容在广告业务中的可用率已经高达 70%，带来突破性变革。

（三）垂直领域应用场景

在垂直领域应用场景方面，AI 大模型可以应用于教育、医疗、金融、电子商务、政务、艺术、建筑、工业、旅游等领域。（1）在教育场景中，AI 大模型可助力个性化教学、智能助教、知识创新及录课播放等方面。2023 年 9 月，清华大学计算机科学与技术系和智谱华章公司共同研发的千亿参数多模态大模型 GLM 开始成为一些课程的助教；清华大学 2024 年也将开设 100 门人工智能赋能教学试点课程，并为每一位 2024 级新生配备 "AI 成长助手"。（2）在医疗场景中，AI 大模型能够分析海量的医学影像数据，辅助医生进行疾病的早期发现和诊断。据 BBC 报道，AI 发现了被人类医生忽视的早期乳腺癌；谷歌最新研究成果显示，利用 AI 听咳嗽就能检测出肺结核。（3）在金融场景中，AI 大模型可以促进投行、行研、金融数据分析、金融创新、风控、智能投顾等行业的发展。中国工商银行已经在国内同业率先实现百亿级基础大模型在知识运营助手、金融市场投研助手等多个场景应用；平安银行探索自研 BankGPT 平台，研究构建大模型在个性化营销内容创作、交互式数据分析、非结构化数据洞察等场景中的应用落地。（4）在电子商务场景中，AI 大模型可以从精准营销、智能客服、海量交易、个性化购物等方面推进服务。2023 年，AI 在百度优选中成为最重要的生产力要素，AI 大模型参与促成的交易高达总交易量的 20%；年货节期间，百度优选帮助用户解决个性化购物难题超过 50 万次。（5）在政务场景中，AI 大模型也服务于数据管理、社会治理、智慧服务、诉求智能问答等方面。2024 年 3 月末，广东省政务服务和数据管理局围绕 "政务服务像网购一样方便"，启动广东政务服务网重要迭代和优化升级，基于清华大学 ChatGLM 大模型开发上线政务 AI 智慧服务模型，通过智慧搜索和 AI 智能问答等人工智能技术全面升级改版广东政务服务网，一体化在线政务服务能力得到了显著提升。（6）在艺术场景中，AI 大模型可以在图形渲染、智能绘画、仿真建模、3D 生成与打印等方面起作用。AI 大模型所提供的智能绘画、智能 3D 物体生成功能极大地增强了艺术的表现力。（7）在建筑场景中，AI 大模型也可以在图纸转化、自动建模与设计、智能运维等方面发挥促进作用。2024 年 3 月，中润锦时开发出一种方法：将方案图纸上传至云平台，AI 大模型即可自动转化为专业建筑施工图纸，简化设计流程，保证图纸质量，节省设计时间和成本，满足国家规范要求。（8）在工业场景中，AI 大模型可帮助研发设计、生产制造、运营管理、产品服务等。2023 年到 2024 年，山东能源集团携手华为基于盘古能源行业 AI 大模型已经开发了 21 个场景化应用，且在全国 8 个矿井、1000 多个细分场景下大规模使用。（9）在旅游场景中，AI 大模型可推动体验升级、行程规划、内容处理等。2023 年 7 月 17 日，国内首个旅游垂直行业 AI 大模型"携程问道"正式在上海发布，代表着 AIGC 在旅游行业的内容处理上向前迈进一大步。在发布会上，携程创始人梁建章详细阐述了大模型在旅游行业的机会以及 AI 未来有可能给行业创造的潜在价值。除此之外，AI 大模型还可以在法律、社交、娱乐、网络安全、遥感、汽车、矿山及天气预报等领域实现前沿人工智能的价值。

四、"人工智能 +"行动的产业实践

2024 年《政府工作报告》首次提出"人工智能 +"行动理念，标志着人工智能在推动国家现代化产业体系建设中的核心地位得到了进一步确认，开展"人工智能 +"行动并加快形成新质生产力，打造具有国际竞争力的数字产业集群十分重要。"人工智能 + 工业""人工智能 + 政务""人工智能 + 教育""人工智能 + 金融"及"人工智能 + 医疗"等新兴业态，成为推动以 AI 大模型为代表的前沿人工智能走向产业实践的重要趋势。

（一）人工智能 + 工业

1. 研发设计

在工业研发设计中，人工智能可以应用到定制化产品设计、建模与仿真、工业软件、工艺设计等领域。（1）在定制化产品设计上，人工智能通过用户画像、精准分析、智能方案生成、创新设计等实现个性化定制。2023 年 3 月，时装设计平台 CALA 提供了基于 OpenAI 的生成式设计工具，可以将设计师的创意快速转化为设计草图、原型和产品，对接用户需求与偏好设计出定制化产品。（2）在建模与仿真上，AI 大模型基于已有的海量仿真数据，通过预训练等手段快速得到预测模型，并进行仿真设计，提升效率与精度。2024 年 1 月，美国 Ansys 公司推出 SimAI，将 Ansys 仿真的预测准确度与创成式 AI 的高速度相结合，为工程社区带来高效高质量的 AI 驱动仿真建模预测。（3）在工业软件上，人工智能可以通过自动化代码审查、可持续集成与部署等方式赋能于 CAD、CAE、COM、CAM 等工业软件，改良软件功能，提升软件速度。例如，AI 技术的飞跃大大提高了 CAE 的效率；基于 AI 的机器学习可以通过图神经网络等自动化审查与测试手段，使 CAE 构建出的产品在结构、流体、热、电磁场等方面的性能更加真实化。（4）在工艺设计上，AI 对过往生成的产品分类收集生产过程中的关键数据，通过遗传、粒子群、DOE 等人工智能算法搜寻最佳工艺参数，优化工艺设计。2023 年 7 月，C3P 集团发布的 Cast-DesignerV7.8 覆盖了整个铸造工艺链，其在 2024 年 1 月利用 AI 技术寻找浇铸系统的最佳形状参数，在消除气孔问题上取得了突破性进展，大大减少了工艺设计的时间成本。

2. 生产制造

在工业生产制造中，人工智能可以应用到产品质量监测、工业代码生成、工业机器人控制、产品包装等领域。（1）在产品质量监测上，人工智能通过深度学习缺陷、实时监测预警、算法分析和智能化系统集成等手段，提升工业质量监测的效率和准确性。2024 年 3 月 14 日，在华为中国合作伙伴大会上，点春科技联合华为公司，依靠深度学习与传统算法，发布电芯外观 AI 质检一体机产品，使新能源锂电行业面临的困境迎刃而解。（2）在工业代码生成上，AI 基于自然语言处理技术、代码库海量分析、开发规范智能化学习等赋能工业代码生成。2024 年初，西门子和微软合作开发可编程逻辑控制器（PLC）的代码生成工具，利用 ChatGPT，通过自然语言输入生成 PLC 代码加工处理，提升这一控制全球工厂大多数机器的工业计算机的效率。（3）在工业机器人控制上，人工智能可以通过智能传感器构建、检测模型部署、实时图像交互处理增强对工业机器人的控制。例如，2023—2024 年，通过人工智能与自动控制技术的结合，工业机器人由传统的机械臂控制，逐步演变为定制化的 AGV、龙门桁架机器人以及 AGV 上搭载机械臂等多种形式，并在抓取精准性、偏差纠正、尺寸测量、缺陷检测上有了质的飞跃。（4）在产品包装上，人工智能技术有助于优化包装设计、控制包装生产流程、提升包装质量与稳定性。2024 年 3 月，中国包装联合会提出"通过 AI 模拟与分析，可以预测不同包装的运输稳定性，确保包装能够在运输过程中保护产品不受损坏"。

3. 经营管理

在工业经营管理中，人工智能可以应用到原材料采购、生产制造智能化管理、仓储物流、供应链管理等领域。（1）在原材料采购上，人工智能帮助企业实现从供应商选择到订单管理等全自动化操作，大幅度提升采购数据分析与决策水平。2024 年 3 月，天源迪科打造"人工智能＋小采购商城"支撑大供应链平台，服务了中国石油、交通银行、中核集团、中国航天科技等 20 多家央企。（2）在生产制造智能化管理上，人工智能决策技术在设备保养决策、设备检修管理、产线产能动态调度及工装配件管理等方面发挥了重大作用。2023 年《中国工业报》指出，"黑灯工厂"三一重工 18 号智能工厂充分利用柔性自动化生产、规模化的物联网与人工智能技术，实现了工厂产能扩大 123%、生产率提高 98%、单位制造成本降低 29% 的目标。（3）在仓储物流上，人工智能可以通过智能存储货位推荐、拣选路径选择与避障、货物追踪管理、配送智能小车构建等方面助力仓储物流。智慧仓储物流系统中，AGV 智能小车扮演着关键角色，通过与人工智能多种大数据处理和深度学习规划的融合，AGV 可以实现智能路径规划和避障，实时调整货运配送路线。（4）在供应链管理上，人工智能基于最优化求解的决策能力可以不断优化供应链管理进程。

4. 产品服务

在工业产品服务中，人工智能可以应用到智能营销、客户服务、智能产品等领域。（1）在智能营销上，人工智能在拓展新营销场景、创新交互体验、改进产品推出模式、营销价值深度挖掘等方面助力智能营销。2024 年 1 月，全球知名工业设备制造商卡特彼勒（Caterpillar）在工业品领域成功地应用了人工智能技术，包括市场研究、个性化营销策略挖掘、销售流程智能化改进等方面。（2）在客户服务上，人工智能主要通过智能应答的方式发挥作用。2024 年 1 月，上海言通网络科技有限公司发布的智能语音应答机器人，能够与其他销售渠道和平台无缝对接，实现了跨渠道的沟通与合作，在销售客服方面实现了团队协作和海量资源整合。（3）在智能产品上，人工智能显著提高了智能产品本身的性能，提升了生产效率。2024 年 4 月，荣耀首发人工智能个人电脑——MagicBook Pro 16，将人工智能个人电脑使用场景与 AI 大模型目前覆盖的应用场景高度融合，大幅提升了产品性能与效率。

专栏 2-1　前沿人工智能赋能工业的典型案例

1. 盘古矿山大模型

2023 年 7 月 18 日，山东能源集团、华为、云鼎科技在济南联合发布全球首个商用于能源行业的 AI 大模型——盘古矿山大模型，这是"人工智能 + 工业"的一个显著成果。AI 在其中的应用主要体现在智能管理决策和智能安全检测两个方面。（1）在智能管理决策上，视觉 AI 大模型根据实时回传的全景视频给出操作方案，并且能够远程精准地操纵采煤机，实现矿山的智能管理与决策，推动矿运作业的智能化转型；盘古矿山大模型还可以通过厂矿实际数据进行 AI 建模，协同相关参数预测与控制，提升精煤回收率，优化管理与方案选择。（2）在智能安全检测上，主运系统 AI 智能检测会实现全时段智能检测，精准识别大块煤、锚杆等异常；AI 掘进作业序列智能检测可以精准识别掘进作业规范，如钻眼时间、搅拌时间等；AI 检测系统在此大模型中还可以用于煤仓运行异常状态监控和防冲卸压工程打钻深度监管，及时发现隐患，保障人、场地、设备的安全。

2. 智工·工业大模型

2023 年 12 月 29 日，中工互联（北京）科技集团有限公司宣布开源智工 16 亿参数轻量化大模型，成为中国工业领域首个开源的大型语言模型。它可以提供以 CIIMOS 为核心的智能工业一体化解决方案，服务智能工厂、智慧能源、综合能源优化等领域，帮助企业推动生产及经营流程重塑，实现数字化、智能化转型。智工·工业大模型引领工业领域产生以下三个方面的变革。（1）在工业软件形态革新上，智工大模型以"工业技术底座 + 多模态大模型 +AI 能力"的全新形态，为工业企业提供了更加灵活、智能的软件解决方案。（2）在人机交互形式革新上，智工·工业大模型为工业企业打造了智能化超级入口，凭借 AI 大模型和多模态技术，全局应用调度与插件能力，实现了与人类用户更加自然、高效的交互方式。（3）在生产组织形式革新上，智工·工业大模型集成人工智能平台和专家系统，实现控制平台与管理平台的纵向贯穿，打破"信息孤岛"并实现了信息的全面共享和无缝对接。2024 年 3 月，腾讯研究院发布的《工业大模型应用报告》进一步印证了智工·工业大模型这类人工智能赋能的大模型在工业领域的重大价值与广泛应用。

（二）人工智能 + 政务

政务中的 AI 大模型有助于政府的治理转型，通过政务"智能体"建设推动政务服务的智慧化跃升，并为政府长期以来的数字化建设提供新的技术助力。具体而言，政务 AI 大模型为政务服务转型带来了以下可能。

第一，深度挖掘政务大数据，优化政务决策模式。传统政务决策模式往往受限于决策者的有限理性，只能实现决策方案的局部最优，并遵循"渐进式"的决策优化逻辑。相比之下，政务 AI 大模型能抓取海量的政务数据，利用强大的数据处理能力开展训练和分析，以预测为导向实现全局最优决策。在这一方面，政务 AI 大模型不仅可以直接提高预测的可靠性与准确率，而且能够为决策者提供间接性的信息支持。

第二，创造虚拟行政人员，推动新型政民互动。传统政民互动方式以行政人员与公民的点对点交流为主，这既可能引发公众对于行政人员自由裁量权的担忧，也可能增加行政人员的工作负担，导致职业倦怠。相比之下，政务 AI 大模型可以同时处理多项公民诉求，实现情境性的响应与反馈，保证服务的效率与一致性，并将行政人员从烦琐化、机械化与重复性的行政事务中解放出来。

第三，推动组织数据集成，整合跨领域政务运作。庞大的政府组织往往面临着不同部门的"信息烟囱"与"各自为政"等困境，这不仅缘于部门间缺乏数据共享动机，而且受到数据标准不一致的制约。相比之下，政务 AI 大模型可以解决复杂数据的整合问题，为数据的获取、传输、存储、训练、分析与应用提供技术支撑。同时，政务 AI 大模型可以适用于不同的政务服务场景，这为不同部门间共享和协调本部门数据提供了有效激励。

专栏 2-2　前沿人工智能赋能政务的典型案例

1. 北京市海淀区政务服务管理局大模型应用

海淀区政务服务管理局全力推进 AI 大模型前沿技术在政务服务场景应用落地，基于百度、质谱大模型推进了政务服务三个场景应用。一是面向公众智能问答场景。通过海淀事项办理知识库进行大模型训练，支撑用户口语化问答意图理解能力。升级传统受限于层层链接、相对固定搜索问答的模式，提供更精准、更便捷的口语化交互问答场景。二是面向综合服务窗口智能辅助场景。为综合服务窗口工作人员打造业务咨询问答智能辅助工具，升级传统靠人工经验记忆或网页逐条搜索查询知识的低效服务。三是小型工程服务智能问答及智能写作场景。面向街镇、代理机构，构建小型工程服务知识管理工具，具备比选文件、合同文本等辅助写作能力，提高协同办公效能。面向企业提供政策查询、流程推荐等智能问答能力，提升企业服务体验。

目前，海淀区政务服务管理局正在进一步深化探索。一是优化大模型咨询问答形式。引入数字人和语音交互等新技术，探索"智能小屋"模式，提高大模型问答的人性化、趣味性和互动性。二是大模型场景由咨询服务向办事服务转变。创新"边聊边办"，将办事人的信息通过大模型辅助填充到办事材料表单里，提升办事群众的便利度。三是借助大模型智能工具。把政务数据和企业数据相结合，分析企业群众办理市场经营业务的前期需求，为市场主体提供精准化咨询和办事服务，打造有速度、有温度、有特色的海淀服务品牌。

2. 深圳市福田区政务服务和数据管理局大模型应用

作为深圳市中心城区，福田区为破解超大型高密度中心城区治理中存在的条块分割、部门分割、层级分割、线上线下分割等难题，在政务数字化和城市数字化领域基于城市智能体理念，并借助城市大模型技术，推进"全场景、全要素、全业务"的全域治理建设，打造了"智脑、智眼、智网、智体"的"四智"融合自进化智能体，具体如下。

一是建设统一数据的城区"智脑"，具备快速分析、高效处置、自主学习能力，辅助城市运行决策指挥。其中，民生

"智脑"，以智能提效能，实现了全渠道的民意速办；经济"智脑"，包含 2200 个核心经济指标，能够从总量、增速、结构、质量方面实现经济权威剖析；应急"智脑"，通过"三基"汇总，实现安全风险的全周期管理。

二是建设全天候的城区"智眼"，汇聚视频、物联感知数据，落地场景智能算法，赋能点位治理。其中，"智眼识事"借助 AI 智能发现加上多元共治下的"柔性执法"，实现智慧治理；借助"全域物联感知平台"，打造一体化全方位的城市空间感知体系。

三是建设万物互联的城区"智网"，打造信息网空天地一体化，保障数据精准、安全、高效处理传输。福田区建设了全国首个嵌入量子密匙的 5G"硬切片"，实现了政务专网的"全域覆盖"；同时，全国首张 1.4G 低空经济通信专网也落地使用。

四是建设协同高效的城区"智体"，多场景智能化，促进服务全时、泛在、高能、低耗。福田区在 IOC 城市智能推介、经济形势分析智能问数、智慧公文、市政智能巡查及 AR 巡查方面都实现了智能化。

（三）人工智能 + 教育

每次新技术的涌现都会引发人们对教育变革的期待和探索。技术被视为驱动教育改革的一股强大力量，引发了人们对未来教育的思考。从信息化教学环境的构建到教育资源的共享平台，从教学过程的动态追踪到教学内容的生动呈现，再到教学评价的多元化和个性化学习路径的规划，现代信息技术在教育领域的应用无所不在。以 ChatGPT 为代表的生成式人工智能正逐渐成为一种新的教育主体，它不仅实现了万物互联、虚实结合，而且改变了教育活动的传统实践模式，从此，机器不再是教育领域的外部工具，而是逐渐成为教育教学的内在组成部分，渗透到教育教学各方面，引发了教育生态系统的"连锁性反应"，影响着整个教育体系的运行和发展。目前，以 ChatGPT、BERT、PALM 等为代表的生成式人工智能技术主要被应用于语言理解与生成、图像生成、音频生成、代码生成等领域，这些技术在改进自主学习、优化教育教学等方面展现出巨大潜力。

1. 学习

随着类似 ChatGPT 的产品在教育中广泛应用，学生将能够根据自己的兴趣和个性发展，自主选择学习内容；学生将不再受限于固定的时间和指定的空间，可以在任何时间、任何地点进行学习；学生可以利用机器人进行自主学习，更加灵活地获取知识和技能。在日常教学设计中，我们可以要求生成式人工智能扮演老师、学生或其他任何角色，让它代替人类陪伴我们进行练习。比如，在语言学习过程中，人工智能可以模拟问路、点餐等真实情境，从而在沉浸式的互动场景中帮助自己纠正语法错误、表达失误，获得可应用、可迁移的语言技能。生成式人工智能可以采用"苏格拉底式教学法"，推动学习方式从"搜索即学习"逐步向"对话式学习"转变，着重培养批判性思维、创造性、沟通能力等，并随时随地向学生提供必要的反馈和帮助，帮助其更好地理解和应用所学知识。

2. 教学

生成式人工智能可以帮助教育从业者减轻工作负担，提高工作效率。它可以为教师提供个性化的智能助理，在课程设计、课堂教学、学习评价以及其他管理工作中发挥重要作用，辅助教师查找资源、生成教案、撰写教材、准备教学课件等；特别是在提供教学思路、整理教学材料等方面，具有显著的优势。不仅如此，生成式人工智能的教学辅助功能还可以帮助教师应对繁杂的事务性工作，使他们腾出更多时间专注于学生的教育和自身的提升，这种方式让教师摆脱了机械重复性的行政任务，使他们能够更有效地指导学生并且有更多的时间接受专业培训和关注自身发展。更重要的是，技术的发展扩展了教育者的能动范围，使得教育实践者能够借助各种技术工具，从而实现超越个人能力范围的更有深度、更高层次的教育目标，同时也让教育研究者能够洞悉更加深层的、潜藏的教育规律。

3. 管理

在管理层面，生成式人工智能能够帮助管理人员快速完成大量的事务性工作，比如生成通知、规章制度等；它还可以被用于管理决策，比如在对应聘教师进行评价时，它能进行全方位对比分析，辅助管理者决策，为学校管理提供便利。2023年4月北京市教育委员会发布的《北京市高等学校智慧校园建设规范（试行）》中提出：探索将人工智能技术应用于学校档案馆、博物馆、艺术馆、展览馆、校史馆、体育馆等公共场馆，提供人机融合、虚实结合、沉浸式、体验感好的智慧服务；充分运用人工智能技术建设高校安全技术防范系统，构建智慧化、智能化安全技术防范管理平台。可见，人工智能正逐渐成为推进智慧校园建设的一股力量。

4. 评价

ChatGPT类生成式人工智能应用对教育评价有着多方面的作用。首先，它可以帮助学校和教育机构更准确地评估学生的语言理解和表达能力；通过分析学生对特定问题的回答，评估学生对问题的理解程度以及表达的清晰度和准确性。其次，它可以用于自动评分系统，在考试或作业评价中扮演重要角色。借助 ChatGPT，教育机构可以更快速地对学生的书面作答进行评分，减轻教师的工作负担，并提高评分的客观性和一致性。此外，它还可以用于个性化评价，根据学生的学习表现和反馈，给出有针对性的评价和建议。通过分析学生与人工智能的互动，学校和教育机构可以了解学生的学习状态和需求，从而更好地为其提供个性化的学习支持和指导。

专栏 2-3　前沿人工智能赋能教育的典型案例

1. 教育大模型的发展

自 OpenAI 发布 ChatGPT 以来，我国企业、高校等机构相继发布了教育领域的大模型，如网易有道推出了"子曰"大模型，它具有 LLM 翻译、虚拟人口语教练、AI 作文指导、语法精讲、AI Box 及文档问答等功能；华东师范大学计算机学院推出了 EduChat 大模型，具有作文批改、基于对话的学习辅导和情感支持等多种功能（见表 2-1）。

表 2-1　我国偏向于教育场景的大模型

大模型名称	研发单位	主要功能
子曰	北京网易有道计算机系统有限公司	LLM 翻译、虚拟人口语教练、AI 作文指导、语法精讲、AI Box 及文档问答
MathGPT 大模型	北京世纪好未来教育科技有限公司	面向全球数学爱好者和科研机构的数学垂直领域大模型
希沃教学大模型	广州视源电子科技股份有限公司	课件自动生成、集备研讨、课堂智能反馈、学情分析、作业批改等
西湖大模型	西湖心辰（杭州）科技有限公司	智能写作、绘图、心理咨询
新壹视频大模型	新壹（北京）科技有限公司	脚本生成、素材匹配、视频生成、智能剪辑配音、数字人播报

续表

大模型名称	研发单位	主要功能
松鼠 Ai 教育大模型	上海乂学教育科技有限公司	根据学情数据，为学习者设计个性化的学习路径，推送相应的学习资源
天地大模型	汉王科技股份有限公司	包含古汉语、法律、教育、办公等多个行业大模型
中华知识大模型	同方知网（北京）技术有限公司	基础大模型通用能力和超过 12 项专业大模型特色能力
EduChat	华东师范大学计算机学院	作文批改、基于对话的学习辅导和情感支持等
智海－三乐大模型	浙江大学、高等教育出版社等	智能问答、试题生成、学习导航、教学评估等

资料来源：根据国家互联网信息办公室发布的生成式人工智能服务已备案信息整理。

以好未来推出的 MathGPT 为例，它是一种基于人工智能的数学智能助手，是建立在类似于 OpenAI 的 GPT（生成式预训练模型）架构之上的数学问题求解工具；它利用深度学习和自然语言处理技术，旨在帮助学生解决各种数学问题。MathGPT 的核心技术是使用大规模数学文本数据进行训练，使其具有理解和解答数学问题的能力。通过阅读数学问题的语境，MathGPT 可以理解问题的含义，并生成相应的数学解答；它不仅可以解答数学问题，还能够解释解答的过程和思路，帮助学生更好地理解数学概念。MathGPT 的应用场景非常广泛，可以用于辅助学生完成数学作业、解答数学考试题、提供数学概念解释等。它不仅可以为学生提供个性化的数学学习辅助，还可以帮助老师更好地指导学生学习。MathGPT 的出现为数学教育提供了新的可能性，使数学学习变得更加高效和便捷。

2. "人工智能＋高等教育"的探索

为深入贯彻落实国家关于开展"人工智能＋"行动的战略部署，积极推动高等教育与人工智能技术的融合发展，利用智能技术支撑人才培养模式的创新、教学方法的改革、教育治理能力的提升，教育部高等教育司确定了首批 18 个"人工智能＋高等教育"应用场景典型案例（见表 2–2）。

以清华大学为例，清华大学积极开展了多类型、多层次人工智能赋能教学探索，包括开展 100 门"人工智能赋能教学试点课程"探索，并基于清华自主知识产权千亿参数多模态大模型 GLM，自 2023 年秋季学期开始对全校的 8 门课程进行试点，其中 5 门课程的智能助教系统已经开发完成并投入试用，1 门课程的智能助教系统已完成垂直模型初步训练，2 门课程的智能助教系统处理专业图像数据，从而实现了利用人工智能辅助、协同，探索与教学的深度融合，同时推动人工智能部分参与或全面主导教学与学习过程，探索"AI 讲授 AI""AI 助学 AI"的新教学模式。

清华大学还致力于优化学习生态、搭建实践平台，比如，持续扩大"从 CS+ 到 AI+"课组的覆盖面，提升学生的信息素养；构建开放共享的学习环境，提供丰富的人工智能学习体验和实践机会，培养学生的创新思维和实践能力。

清华大学还为每一位 2024 级新生配备了一个"AI 成长助手"，帮助新生更好地适应大学的学习生活，同时倡导将人工智能理念融入学校各方面工作，希望更多教师参与人工智能融入教育教学和学术研究的创新实践，希望更多单位探索将人工智能融入管理的服务工作，努力提升大学治理能力、为加快推进我国教育现代化发挥先行先试作用。

表 2-2　首批"人工智能＋高等教育"应用场景典型案例

序号	学校	案例
1	北京大学	口腔虚拟仿真智慧实验室的建设与应用
2	清华大学	人工智能赋能教学试点课程
3	北京航空航天大学	人工智能赋能的全过程交互式在线教学平台
4	北京理工大学	知识图谱驱动的智慧教学系统建设与应用
5	北京邮电大学	"码上"——大模型赋能的智能编程教学应用平台
6	北京师范大学	创新"AI+"课堂教学智能评测
7	中国传媒大学	AIGC 赋能传统文化传承与创新
8	哈尔滨工业大学	人工智能技术在自主学习模式下电工电子实验教学中的应用
9	华东师范大学	水杉在线：大规模个性化全民数字素养在线学习提升平台
10	东南大学	大学物理课程智慧 AI 助教系统
11	浙江大学	新一代科教平台（"智海平台"）赋能知识点微课程教育
12	华中科技大学	构建智能学业预警与协同帮扶机制，助力学生成长
13	华中农业大学	"有教灵境"智慧实验室实验教学管理系统
14	华中师范大学	人工智能赋能教与学——基于小雅平台的智能场景创设
15	西安交通大学	首创教学质量实时监测数智平台，创立采评督帮"四精模式"教学管理新机制
16	西安电子科技大学	打造 AI 赋能督导新模式，启动教学质量提升新引擎
17	西北农林科技大学	作物智慧生产实践
18	国家开放大学	基于 AI 技术的大规模个性化英语教学创新实践

注：按学校代码排序。

资料来源：《教育部高等教育司关于公布首批"人工智能＋高等教育"应用场景典型案例的通知》。

（四）人工智能 + 金融

金融行业拥有丰富的数据和多样的应用场景，这为 AI 大模型的应用提供了理想的土壤。我国金融机构的数据资产已经达到了千亿级别，如果这些数据能被充分利用，其潜在价值可能超过万亿元。金融服务不仅需要处理大量的文本信息，还需要在服务过程中进行频繁的语言交流，这导致人力和运营成本居高不下。因此，AI 大模型在金融行业中的潜在影响力可能远超其他行业，金融场景大模型应用具有天然的优势。目前，金融机构正积极探索大模型的颠覆性潜力，并将其集成到运营体系中，主要用于通过挖掘金融大数据来洞察知识，以实现赋能。

在当前的业务流程中，人工智能主要扮演非决策性的角色，其在决策过程中的作用更多的是提供辅助。例如，在简单的业务场景下，AI 大模型能够直接为客户提供服务；然而，在那些复杂和需要个性化解决方案的场景中，AI 的作用则转变为支持工作人员，通过他们来发挥其赋能功能。目前，AI 的应用主要集中在内部，对于面向客户端的应用金融机构则采取了更为谨慎的态度。在金融行业中，AI 大模型预计将在加强风险管理与反欺诈措施、提供个性化金融服务、产品设计等方面发挥重要作用，从而实现对该行业的深度赋能。

1. 风险管理与反欺诈

金融领域风险越来越呈现出隐蔽性、交叉性、跨市场特点（如跨国洗钱），风险识别和控制难度持续增加。在风险识别方面，通过分析客户的交易记录、信用历史、行为模式等数据，AI 大模型系统可以构建出客户的风险画像，识别数据安全、网络安全漏洞，为金融机构提供实时的风险预警和决策支持。在风险监测方面，AI 大模型也能够通过对大量历史交易数据的学习，跟踪异常交易，识别出潜在的欺诈行为，及时发出警告并采取适当措施，防止金融犯罪。同时，AI 大模型也可以预测市场风险，帮助金融机构做出更好的投资决策。

2. 个性化金融服务

AI 大模型正以其强大的个性化服务能力重塑客户体验。它通过深入分析用户的行为数据，精准捕捉每位用户的独特需求和偏好，从而为其量身定制金融产品和服务，极大地提升了客户的满意度。比如，在智能投顾业务领域，AI 大模型的运用尤为突出。它能够全面分析投资者的风险承受能力、财务状况和收益目标，从而智能地优化投资组合；能够提供定制化的投资策略和资产管理服务，通过自动化和精确性来实现投资决策。AI 大模型的应用不仅提升了智能投顾服务的精准度和效率，使投资建议更加符合个人需求，此外，它还引入了更多的数据维度和分析视角，助力智能投顾更有效地掌握市场动态和趋势。在智能客服中，AI 大模型能够取代传统的人工客服，实现全天候在线服务，快速响应客户的各种咨询和投诉。相对于传统智能客服而言，AI 大模型的强大语言理解能力能够使得与客户的交互更加顺畅。更为重要的是，AI 技术能够分析客户的情绪和行为模式，提供高度个性化的服务体验，进而提高客户管理的效率和体验。这种个性化的服务模式不仅提高了客户服务的效率，还增强了客户的忠诚度。

3. 产品设计

AI 大模型不仅能够助力产品特性的功能化和定价的优化，还能够深入分析客户画像，从而提供精准的产品建议。更进一步，AI 大模型能够根据客户的反馈设计出个性化的综合解决方案，满足客户的独特需求。这种高度定制化的服务使产品设计更加以客户为导向，提高了产品的市场竞争力和客户满意度。通过 AI 大模型，企业能够在产品开发的每一个环节中实现更高效的决策和更快速的市场响应。

4. 金融监管

在金融监管方面，AI大模型能够助力对金融市场进行全面的实时监控。通过对市场动态的连续分析，AI大模型能够迅速识别异常行为，从而及时采取措施以防范潜在的风险和保护投资者的利益，有助于防范金融系统性风险。这种技术的应用不仅提高了监管的效率，还增强了金融系统的整体稳定性，确保了市场的公平性和透明度。

5. 智能投研

AI通过运用先进算法深入分析海量数据，能够预测经济发展趋势和潜在的政策变化。同时，AI大模型强大的计算能力结合多样的财务指标，如财务比率和股票市场动态，可以为投资者定制投资策略，提供精确的股票评估。AI大模型的能力不仅限于结构化数据，它还能处理和分析大量非结构化数据，挖掘出对投资决策至关重要的洞见。AI大模型的实时数据处理功能显著提升了决策的及时性，可以为金融机构提供迅速的决策支持，促进人机高效协作。

6. 智能营销

AI大模型通过深入分析客户的消费习惯、社交互动及交易模式，预测客户需求偏好，基于这些预测，营销策略可以被个性化定制，确保推送的内容和活动与客户的兴趣紧密相关，从而提高营销的精准度和效果。这种方法不仅提升了客户群体分析的准确性，也极大地优化了客户获取的过程。

7. 智能理赔

智能理赔系统不仅可以自动化地审核索赔申请，还能有效提升处理速度和准确性。AI大模型还能助力自动化的索赔审查流程，能够迅速识别出合理的索赔请求；先进的欺诈检测技术能够通过分析大量数据来预防和识别欺诈行为；风险评估工具可以帮助保险公司评估潜在的风险点。此外，个性化理赔服务也能让客户享受到更加定制化的服务体验。

专栏 2-4 前沿人工智能赋能金融的典型案例

1. Bloomberg GPT

全球商业、金融信息和新闻资讯提供商彭博社在 2023 年 3 月推出了 Bloomberg GPT，这是一个专门为金融领域设计的大型语言模型，拥有 500 亿个参数。它不仅能够处理和分析庞大的金融数据，还能精确理解和生成金融相关语言，提供风险评估、情感分析和解答等服务。Bloomberg GPT 的训练基于 3450 亿个公共数据集和 3630 亿个专业金融数据集，使其在金融资讯分类、市场趋势预测和股指推理等任务上表现卓越，远超同类模型。它已被彭博社用于内部金融资讯的分类、生成查询语言、提供标题建议和金融问答，帮助用户把握最新的市场动态。根据研究，Bloomberg GPT 在金融领域的应用效果远优于现有的近似规模开放模型。

2. 华为的盘古金融大模型

盘古金融大模型可以实现智能数据分析、代码自动编写、信贷报告自动生成、智能客服等功能，从而提高办公效率和客户体验。盘古金融大模型的解决方案包括场景层、模型层、底座层。在场景层，华为首次推出 AI for Data、AI for Business、AI for IT 三大类 10 个应用场景，包括智能客服、信贷报告生成、智能数据分析、智能编程助手等。在模型层，盘古金融大模型通过五大类金融数据注入千亿级的金融代币；与金融机构和伙伴共创，沉淀了上千个细分场景模板；融合了 100 多个行业标准、规范等行业知识库；构建了数据、模型、内容等全流程安全合规能力，打造面向金融行业的大模型。华为的盘古金融大模型在多个场景中都有广泛的应用，如智能审计、智能征信、营销文案生成、智能办公、智能分析等。

3. 度小满的"轩辕"金融大模型

度小满推出国内首个千亿级中文金融大模型——"轩辕"。在金融场景的任务评测中，"轩辕"全面超越了市场上的主流开源大模型。"轩辕"用度小满实际业务场景积累的海量金融数据训练而来，通过独创的 hybrid-tuning 训练方式，实现了在大大增强金融能力的同时，不损失通用能力。自开源以来，已经有上百家金融机构申请试用"轩辕"大模型，用大模型辅助生成的代码，采纳率达到 42%，帮助公司整体研发效率提升了 20%；在客服领域，大模型推动服务效率提升了 25%；在智能办公领域，大模型目前的意图识别准确率已达到 97%。

4. 蚂蚁集团的支小宝 2.0

支小宝 2.0 是基于蚂蚁集团自研百灵大模型的新一代智能理财助理，旨在提供透明、可信赖的金融服务和专业投资建议。蚂蚁金融大模型在底层算力集群的支持下，通过注入千亿级金融知识和 60 万条高质量指令数据，优化了金融专属任务的性能。支小宝 2.0 强调产品的合适性和安全性，通过高准确率的金融意图识别和投资情绪识别，提供 290 余项理财服务和 30 余项保险顾问服务，有效提升了用户体验，并推动了金融领域的创新和进步。这一平台已在蚂蚁集团的财富和保险平台上全面测试，展现出在多个金融专属任务和真实场景中的专业水平，为用户实现了流畅的交流和亲和力十足的陪伴。

5. 银行业 AI 大模型广泛应用

中国工商银行：发布基于昇腾 AI 的金融行业通用模型，实现了首家企业级金融通用模型的研制投产，并应用于客服、营销、运营、风控等业务领域。

中国银行：探索大模型技术在内部知识服务、辅助编码等场景的应用，运用人工智能、大数据等信息技术提高信用风险评估能力。

中国农业银行：发布 Chat ABC，重点着眼于大模型在金融领域的知识理解能力、内容生成能力以及安全问答能力。

中国建设银行：启动大模型"方舟计划"，深耕计算机视觉、智能语音、自然语言处理、知识图谱、智能决策五大领域专业能力。

中国交通银行：深化 AI 在客户服务、产品推介、风险防控等场景的应用，探索大模型在办公助手、客服问答等场景的应用，并将"构建内嵌风控要素的生成式 AI 框架"列入2024 年工作重点。

中国邮政储蓄银行：打造融合大模型技术的"邮储大脑"，从文本生成、代码生成、文本提炼和多模态理解生成等方向探索大模型技术应用。

6. LTX 推出 BondGPT+ 用于分析 20000 多种债券

2023 年 6 月，全球金融科技领导者 Broadridge 的全资子公司 LTX 宣布推出基于 GPT-4 的模型 BondGPT+，结合自身海量优质金融数据微调而成。BondGPT+ 不仅提供了一系列前沿功能，如支持企业或第三方数据的集成、自定义内容生成、高级债券搜索工具，还包括企业级的安全性和管理功能。用户基于 BondGPT+，可使用自然语言搜索与债券相关的查询，实现便利的交易商分析，受益于数据的时效性和准确性，还可以查看稳健、动态的图表和图形。据报道，中泰证券、招商证券、中信证券、广发证券等众多国内券商已推出 AI 大模型应用。目前券商大模型应用最常见和主流的方向是智能客服、数字员工、虚拟助手、代码生成等。

（五）人工智能 + 医疗

AI 大模型在医疗领域具有广泛的应用前景，包括医学影像诊断、辅助临床决策、药物研发、疾病预测与诊断、个性化治疗等诸多方面。

1. 医学影像诊断

AI 大模型可以赋能医学影像进行诊断分析，并可自动生成影像诊断报告。具体来看，其主要是通过医学影像图文进行数据集训练，将文本知识和视觉理解相结合，以对话的形式阐释胸部 X 射线等医学影像，并根据结果自动生成影像诊断报告。应用于医学影像诊断的 AI 大模型有 XrayGLM、Visual Med-Alpaca 等，这些模型可以在不需要人工注释和任何监督微调的帮助下，展现出较高的精度，根据图像或文本检索相似的内容，使用大模型理解病理图像和自然语言，帮助人类病理学家寻找类似的病例。

2. 辅助临床决策

AI 大模型可以助力临床决策，预测疾病风险、生成诊断和治疗意见。AI 大模型通过结合患者的个人信息和检测检验结果，从大量的临床病例数据库和医学文献中获取解释结果，生成诊断和治疗决策。医疗健康大模型具备强大的推理能力，可以处理分析大量的临床记录和基因组学数据，选择适合的评估治疗、预测疾病风险和紧急预警，为医生和研究人员提供决策帮助。

3. 药物研发

AI 大模型可赋能于器械和药品从研发到上市全产业链。药物研发领域有着成本高、周期长和失败率高等痛点，而 AI 大模型的加入能够在一定程度上实现提速降本增效，在有效的预测方面双重提升药物筛选、优化、试验等关键环节的效率。在具体实施方面，AI 大模型将利用 SMILES 字符串或分析图表征分子结构来预测分子性质，在未标记的分子数据上获得更加丰富的分子结构和语义信息。同时，通过药物分子生成模型能够让药物学家在短时间内筛选大量分子，提高有效分子的利用率等。

4. 疾病预测与诊断

AI 大模型可以助力患者个体综合性的健康评估，预测患者未来可能出现的疾病风险。AI 大模型可以通过分析整合患者的基因组数据、社交媒体行为数据、电子健康记录等多个来源信息，构建精准的风险评估模型。同时，医疗健康大模型也能够检测流行病和预测疫情。

5. 个性化治疗

AI 大模型能够辅助医护人员提供个体化的诊疗方案。AI 大模型根据患者的个人信息、基因数据、临床数据及其他相关信息，推荐最优的治疗方案和药物选择，还可以通过大数据分析帮助医护人员在特定情况下做出有效准确的诊断，提供相应的治疗决策。

专栏 2-5　前沿人工智能赋能医疗的典型案例

1. 蚂蚁百灵大模型

蚂蚁百灵大模型是蚂蚁集团推出的涵盖自然语言模型、多模态以及行业应用的全栈技术体系，基于万亿级的 Token 语料进行训练，采用 Transformer 架构的语言大模型，能够支持最长 32K 的窗口长度，推理能力领先。在坚持自主研发、全栈布局的发展下，蚂蚁百灵大模型目前已形成包括大模型底层基础设施、基础大模型、行业大模型、应用产品在内的完整技术链条。

蚂蚁百灵大模型在医疗领域的应用主要体现在如下三个方面。

（1）医疗智能助手——数字陪诊师。结合智能 AI，打造数字陪诊师，覆盖就诊全流程引导用户，包括诊前预问诊、诊中跟进、智能引导、报告解读、电子病历、医保办理等，方便患者，有助于打造老年友好示范医院。

（2）陪诊数字人与医疗知识科普。依托专业的医疗健康知识积累与 AIGC 技术，以数字人、生成式交互和短视频形式加速医疗科普。

（3）医疗智能助手。与医疗机构合作，通过 AI 智能助手，大幅提升工作效率。具体应用场景包括文书生成（通过智能 IoT 设备，一键对话语音转病例）、文献阅读（医疗中英文文献整理、翻译，交互式引用阅读及知识整理）、医疗知识政策查询（医疗数据、知识与政策查询）等多方面。

蚂蚁百灵大模型还与浙江省卫生健康委员会合作，推动开发了全国首个可陪诊数字人——安诊儿，同时依托药品知识库和医疗讲解的文字积累，能够快速帮助专家和医生生成短视频内容，向社会进行医疗科普。

2. 百度灵医大模型

2023 年 9 月 19 日，百度正式发布中国首个产业级医疗大模型——灵医大模型，已应用于医疗健康问答、辅助病历书写、辅助临床诊断、用药知识查询、检验检查报告解读、医疗信息抽取等诸多场景。百度灵医大模型是基于百度智能云千帆算力资源和百度文心大模型底座，经过算法训练精调，结合灵医智惠临床脱敏数据和医学知识等打造的知识增强型语言模型。

灵医大模型的核心由算法、算力、数据等关键要素组成。在算法方面，灵医大模型基于文心大模型的千亿参数，并内置了检索增强、知识增强和上下文增强等多项增强技术，提高了大模型生成的精确性和多样性。在算力方面，灵医大模型基于全生命周期的模型开发工具链的保障和万卡算力集群，对数据进行无标注训练，不断优化底层参数。在数据方面，灵医大模型使用千亿 Token 的训练语料数据来提高模型的全产业链服务能力，其中就包括了大量临床脱敏数据、300 多万例多模态影像数据、6 亿余条健康科普内容、70 多万条临床试验研究信息等。

在服务模式上，灵医大模型从应用、能力、模型、算力等四个层面按照用户的不同需求来提供服务。

（1）应用层面，为患者、医院、企业等用户提供 AI 原生应用，目前以灵医 BOT 为助手，聚焦在智能健康管家、智能企业服务和智能医生助手三大方面，满足"医—患—药"需求。智能健康管家提供智能导诊、健康咨询等服务，智能医生助手从辅助诊断、病例生成等方面为医生提供服务。

（2）能力层面，主要以 API、AI 插件方式为生态合作伙伴提供高质量的 AI 服务，帮助合作伙伴进行二次开发。

（3）模型层面，根据不同的应用需求和资源部署，提供旗舰版、Lite 版和定制版服务。旗舰版提供公有云服务，用户无须担心部署成本；Lite 版面向医院客户或对私有数据较为重视的客户提供模型服务，以私有化方式进行部署，分档设置十亿和百亿级参数量的模型；定制版针对自有高质量数据且具有一定研发能力的客户，需针对具体场景提供定制化模型训练。

（4）算力层面，重点面向有私有化部署需求的用户，提供三个等级的软硬件一体的算力支持能力。大模型将算力和自己进行一体化封装，主要针对对算力要求高且预算充足的客户，可在内部私有化环境中直接应用。大模型也可针对有国产化需求的客户，基于百度自研的昆仑芯片，提供全栈国产的算力支持。大模型还可针对算力和预算有限的客户，提供开箱即用的功能，在有限的算力下，不需要借助训练和微调模型的帮助，便可直接使用大模型推理功能，满足特定任务的应用需求。

参考文献

［1］魏尔德 . 国产大模型深度：竞争格局、发展现状及应用端深度梳理［EB/OL］.（2023-10-09）［2024-06-22］.https://mp.weixin.qq.com/s/V1qhuqJEve8utSRGvAXfLA.

［2］中国信息通信研究院 . 中国数字经济发展研究报告（2023 年）［EB/OL］.（2023-04-27）［2024-06-28］. http://www.caict.ac.cn/kxyj/qwfb/bps/202401/P020240326601000238100.pdf.

［3］央广网 . 算力——新的关键生产力［EB/OL］.（2023-06-23）［2024-05-12］. https://www.163.com/dy/article/I7V1QTU50514R9NP.html.

［4］梁正，何江 . ChatGPT 意义影响、应用前景与治理挑战［J］. 中国发展观察，2023（6）：15-19.

［5］冯永刚，屈玲 . ChatGPT 运用于教育的伦理风险及其防控［J］. 内蒙古社会科学，2023（4）：34-42.

［6］郝祥军，顾小清，王欣璐 . 回避还是规避：风险社会中的教育危机与安全防线［J］. 电化教育研究，2023（1）：42-47.

［7］黄荣怀，刘德建，刘晓琳，等 . 互联网促进教育变革的基本格局［J］. 中国电化教育，2017（1）：7-16.

［8］焦建利 . ChatGPT：学校教育的朋友还是敌人？［J］. 现代教育技术，2023（4）：5-15.

［9］焦建利 . ChatGPT 助推学校教育数字化转型——人工智能时代学什么与怎么教［J］. 中国远程教育，2023，（4）：1-8.

［10］兰国帅，张怡，魏家财，等 . 未来教育的四种图景——OECD《2020 年未来学校教育图景》报告要点与思考［J］. 开放教育研究，2020（6）：17-28.

［11］尼尔·波兹曼 . 娱乐至死［M］. 章艳，译 . 桂林：广西师范大学出版社，2004.

［12］文巧 . 日活量破千万 ChatGPT 为何火爆全球？每经记者体验聊天机器人能做什么：解答深奥物理概念、写财经新闻［N］. 每日经济新闻，2023-01-31（04）.

［13］杨宗凯，王俊，吴砥，等 . ChatGPT/ 生成式人工智能对教育的影响探析及应对策略［J］. 华东师范大学学报（教育科学版），2023（07）：26-35.

［14］赵磊磊，闫志明.生成式人工智能教育应用的生态伦理与风险纾解［J］.贵州师范大学学报（社会科学版），2023（5）：151-160.

［15］詹泽慧，季瑜，牛世婧等.ChatGPT嵌入教育生态的内在机理、表征形态及风险化解［J］.现代远距离教育，2023（4）：3-13.

［16］张治.ChatGPT/生成式人工智能重塑教育的底层逻辑和可能路径［J］.华东师范大学学报（教育科学版），2023，（7）：131-142.

［17］钟秉林，尚俊杰，王建华，韩云波，刘进，邹红军，王争录.ChatGPT对教育的挑战（笔谈）［J］.重庆高教研究，2023，11（3）：3-25.

［18］周洪宇，常顺利.生成式人工智能嵌入高等教育的未来图景、潜在风险及其治理［J］.现代教育管理，2023（11）：1-12.

［19］周洪宇，李宇阳.生成式人工智能技术ChatGPT与教育治理现代化——兼论数字化时代的教育治理转型［J］.华东师范大学学报（教育科学版），2023（07）：36-46.

［20］朱永新，杨帆.ChatGPT/生成式人工智能与教育创新：机遇、挑战以及未来［J］.华东师范大学学报（教育科学版），2023（7）：1-14.

［21］教育部高等教育司关于公布首批"人工智能＋高等教育"应用场景典型案例的通知［EB/OL］.（2024-04-12）［2024-04-23］.https://hudong.moe.gov.cn/s78/A08/tongzhi/202404/t20240417_1126075.html.

［22］何逸灿.六大国有银行AI大模型进展如何，又探索了哪些应用？［EB/OL］.（2024-04-18）［2024-06-22］.https://new.qq.com/rain/a/20240418A03YOL00.

第 三 章
前沿人工智能的潜在风险

人工智能是一把"双刃剑"，它既给我们的生活带来了巨大便利，也潜藏着巨大风险。针对人工智能的潜在风险，习近平总书记在 2018 年 10 月 31 日的中共中央政治局第九次集体学习时强调，要加强人工智能发展的潜在风险研判和防范，维护人民利益和国家安全，确保人工智能安全、可靠、可控[①]。2019 年 9 月，习近平总书记在国家网络安全宣传周上强调，要坚持促进发展和依法管理相统一，既大力培育人工智能、物联网、下一代通信网络等新技术新应用，又积极利用法律法规和标准规范引导新技术应用[②]。在 2023 年 4 月 28 日的中共中央政治局会议上，习近平总书记特别强调，要重视通用人工智能发展，营造创新生态，重视防范风险[③]。

一、风险分类的标准

前沿人工智能的潜在风险体现在多个层面，具有不同的划分标准。根据风险的性质，可以分为综合性风险和场景性风险；根据风险源，可以分为基于技术本身的风险、基于技术开发的风险和基于技术应用的风险；根据风险后果的承受主体，可以分为对个人的风险、对社会的风险、对国家和人类的风险（见表 3-1）。

综合性风险，即前沿人工智能技术几乎在所有应用场景中都存在的潜在风险，如数据隐私泄露、算法歧视和偏见、幻觉等，这将在下

---

① 新华社.习近平主持中共中央政治局第九次集体学习并讲话［EB/OL］.（2018-10-31）［2024-05-12］. https://www.gov.cn/xinwen/2018-10/31/content_5336251.htm.

② 新华社.习近平对国家网络安全宣传周作出重要指示［EB/OL］.（2019-09-16）［2024-05-12］. https://www.gov.cn/xinwen/2019-09/16/content_5430185.htm?gov.

③ 新华社.中共中央政治局召开会议 分析研究当前经济形势和经济工作 中共中央总书记习近平主持会议［EB/OL］.（2023-04-28）［2024-05-12］. https://www.gov.cn/yaowen/2023-04/28/content_5753652.htm ?eqid=fa65a05f000002a50000000464785674.

表 3-1　按照风险源和影响主体划分的综合性风险

风险源	具体风险	影响主体	风险源	具体风险	影响主体
技术本身	算法歧视和偏见	个人	技术应用	知识产权纠纷	个人
	数据隐私泄露			深度伪造	
	内容谬误			数字鸿沟和社会不公平	社会
技术开发	心理问题			意识形态渗透	国家
	数据产权问题			引发失控风险	
	环境生态问题	社会		改变国家实力	

资料来源：作者自制。

文作专门探讨。场景性风险，指前沿人工智能带来的风险主要局限于技术所应用的某一特定场景（见表 3-2）。

表 3-2　场景性风险

典型场景	具体风险
电商	虚假宣传与欺诈、大数据杀熟、推荐误导、过度消费、个人数据推荐系统偏见和滥用、价格歧视和竞争
医疗	不易理解、泄露隐私、歧视偏见、临床决策风险、反馈与监管风险、责任和法律风险、人类替代和失业风险
教育	学术诚信危机、冲击应试教育、学生过度依赖、重塑教育生态、形成数字鸿沟、威胁学校秩序、影响学生就业
科研	科技伦理挑战、人文社科内涵变化、形成新的知识生产关系和模式、技术依赖、知识产权和数据共享问题、安全和隐私问题

资料来源：作者自制。

在电商领域，人工智能技术被广泛应用于个性化推荐、欺诈检测、客户服务等方面，但用户数据隐私和安全问题、推荐系统偏见和滥用、欺诈检测不足等风险也随之而来。在医疗领域，人工智能技术可以辅助医生进行诊断、制定治疗规划等工作，但诊断误差、泄露隐私和安全、歧视偏见等风险也应引起重视；医生在医学知识、临床技能、人文关怀方面的能力也有可能退化。在教育领域，人工智能技术被用于个性化教学、智能评估等方面，也可能引发学术诚信危机、冲击应试教育、引起师生关系异化、导致学生过度依赖、产生知识盲区和信息茧房、重塑教育生态、形成数字鸿沟、威胁学校秩序、影响学生就业等问题。在科研领域，人工智能技术有助于加快研究进程，为研究提供便利，在一定程度上可以节约时间成本，但也对科技伦理构成了挑战，使人文社科内涵发生变化，形成新的知识生产关系和模式，导致技术依赖等问题。

二、基于技术本身的风险

基于技术本身的风险是指由于人工智能技术本身的发展尚未成熟和完善，可能在算法、数据等方面产生一系列问题。这类风险通常与技术的使用者和使用过程无关，在人工智能产品制造阶段就决定了风险发生的必然性。这类风险包括数据隐私泄漏、算法歧视和偏见、内容谬误等。

（一）数据隐私泄露

人工智能是以算法为根据的，算法通过收集和储存数据，对大量数据进行学习，并做出明智的决定，因此，人工智能的发展离不开数据的收集，也离不开数据的储存。ChatGPT 类生成式人工智能的训练需要大量数据，其中可能包含用户的私人信息，如果这些信息被泄露或者被黑客盗取，就可能对用户造成重大损失。具体而言，在大模型训练数据的过程中，给公民隐私带来的风险既可能源于数据层面的不当使用，也可能源于大模型自身层面的不当处理。尽管生成式 AI 产品大多已对输出内容进行了加密和加噪处理，但有研究表明，即使在这些条件下，人们依然能够从原始数据中恢复出敏感信息，如具有生物特征识别的数据，包括指纹、面孔等，或是涉及个人基本情况和经济状况的信息。

2023 年 Meta 因违反欧盟《通用数据保护条例》，涉及将 Facebook 用户的个人数据传输到美国的服务器，在经过欧洲数据保护委员会在爱尔兰数据保护委员会的调查后，欧盟监管机构对 Meta 处以 12 亿欧元的罚款。OpenAI 在 2023 年 3 月 25 日发布了针对 3 月 20 日 ChatGPT 服务临时中断的调查报告，报告指出有 1.2% 的 ChatGPT Plus 用户可能受到了数据泄露的影响，被泄漏的数据包括用户聊天记录的片段，以及用户的信用卡最后四位数字、到期日期、姓名、电子邮件地址和付款地址等敏感信息。2023 年 3 月 31 日，意大利个人数据保护局（Garante）宣布对 ChatGPT 暂时停用，并以其未提供充分通知且缺乏大规模收集和存储个人信息权限为依据对其涉嫌违反隐私规定的行为展开了调查。直到 OpenAI 与意大利个人数据保护机构达成协议，更新了隐私保护政策，并设置了重新登录的年龄验证后，ChatGPT 才被许可恢复在意大利的运营。

针对数据隐私泄露这一风险，联合国教科文组织（UNESCO）指出："应提高所有利益相关者对隐私问题的意识和认识，并鼓励更多的行动者运用隐私增强技术及应用程序，从而有意识地进行隐私保护。"

欧盟和美国在人工智能治理方面的探索为我国提供了启发性的思路和宝贵的借鉴。欧盟与科技巨头微软、IBM 等公司在 2020 年共同签署了《人工智能伦理罗马宣言》，该宣言明确指出，人工智能技术应尊重个人隐私，以可靠无偏见的方式工作，考虑所有人的需求，并要以透明的方式运作。之后，欧盟委员会于 2021 年 4 月 21 日通过了全球范围内首部系统化规制人工智能的立法提案，即《人工智能法》，通过禁止"无差别的大规模监控"来进一步保护个人隐私。美国多位参议员于 2022 年提出《算法问责法案》草案，要求企业在进行自动化决策和关键决策程序时进行相应的影响评估，这一影响评估应包括分析对消费者造成重大负面影响的可能性及改善措施，此外，还应涵盖对系统当前和历史性能的测试和评估以及隐私保护、数据安全措施、决策的公平性、非歧视性等方面的评估。

我国相关部门高度重视数据风险的研究与预防，出台了《生成式人工智能服务管理办法》《中华人民共和国数据安全法》《中华人民共和国网络安全法》《中华人民共和国个人信息保护法》《数据出境安全评估办法》《互联网信息服务深度合成管理规定》《个人信息出境标准合同办法》等法律规范，从多方面对人工智能应用数据加以规制。除此之外，在数据训练方面，应加强大模型在数据的收集、存储、使用等阶段对用户信息、商业秘密等重要数据的保护和监管。在模型使用时，可以通过隐私提醒、删除权限等方式保障用户个人隐私，确保数据完整性、唯一性和合法性。

（二）算法歧视和偏见

带有偏见的人工智能系统可能会产生不准确的结果，从而放大已存在的偏见和歧视现象，并会降低人们对人工智能技术的信任。歧视和偏见产生的原因有两个：一个是人为偏见（程序员偏见），是指在给"目标变量"和"类标签"进行定义或选择数据时，程序员将其对性别的刻板印象或对某类群体持有的偏见看法带入算法中；另一个是数据歧视和偏见，是指机器学习时因所选择的数据本身带有偏见或该样本数据不具有代表性等而使算法产生歧视和偏见的风险，主要包括性别、种族、政治等方面。

　　清华大学交叉信息研究院助理教授于洋带领团队在 AI 模型性别歧视水平评估项目测试中发现，OpenAI 开发的 GPT-2、Google 开发的 BERT 和 Facebook 开发的 RoBERTa 对所有职业的性别预判都倾向于男性，这些模型不仅重男轻女，而且具有种族歧视倾向。2024 年 3 月，彭博社通过使用 ChatGPT 对简历进行筛选实验来验证其是否存在歧视，结果发现，ChatGPT 在不同岗位上对不同人群有所偏爱：在人力资源岗位候选人选择上，在任何人种中女性都比男性受到偏爱；在金融分析师岗位上，亚裔女性和男性获得更多偏爱，且远高于黑人男性和女性；在零售经理岗位上，亚裔女性和西班牙裔女性受到的偏爱更多，而白人男性更容易受到歧视；在软件工程师岗位上，白人女性更受偏爱，而黑人女性受到的歧视最多。彭博社对 GPT-4 进行了同样的测试，结果发现 GPT-4 也有很严重的偏见：以软件工程师为例，GPT-3.5 对黑人女性持有偏见，而 GPT-4 对白人男性和亚洲女性持有偏见。

　　针对算法产生的歧视和偏见问题，我国出台了《互联网信息服务算法推荐管理规定》《关于加强互联网信息服务算法综合治理的指导意见》等政策文件，并持续开展专项行动，深入排查整治各类企业的算法滥用现象。《互联网信息服务算法推荐管理规定》中提道："提供算法推荐服务要遵循公开透明等原则。"相关机构提出了解决方案，如浦江实验室创建了名为 OpenEGlab 的平台，该平台旨在建立全面、实用的人工智能伦理治理基础设施。

　　在技术层面，应该根据算法偏见的产生原理与产生场域进行有针对性的管控。针对 ChatGPT 在投入应用之前的机器学习调试中出现的先天性算法偏见，应根据算法模型的学习路径进行调整，在投入应用之前进行严格的法律审查，以防止算法模型在机器学习过程中被渗入算法偏见，并将规范文件的要求以技术标准的形式融入算法程序的编译过程中。例如，优化 AIGC 漏斗技术是降低认知风险的治理路径之一。它要求在输入阶段，采集高质量数据，对大模型进行正向训练；在过滤阶段，加强对大模型的算法审计，减少生成歧视内容误导用户认知，在技术上运用算法交叉验证技术、公正性实验等方式，避免社会歧视和偏见嵌入其中；在输出阶段，加强机器启蒙，在技术上通过建立人机沟通和决策机制，使大模型按照人类的正当需求和价值观进行智能决策和意见生成。同时，针对人工标注的算法偏见也应通过设置规范加以预防，可以制定统一的人工标注规范标准，要求人工标注者遵循相对一致的判断标准，从而避免标注者的主观判断造成偏向性误导。

（三）内容谬误

内容谬误指人工智能系统在处理信息时会产生幻觉（hallucination），即生成内容看起来毫无意义或与提供的源内容不符，它分为事实性幻觉（Factuality Hallucination）和忠实性幻觉（Faithfulness Hallucination）。事实性幻觉，指模型生成的内容与现实世界的事实不一致；忠实性幻觉，指模型生成的内容与用户的指令或上下文不一致。产生幻觉的原因主要有数据源、训练过程和推理三个方面。其一，在数据源方面，是因为数据本身存在缺陷，如存在事实错误、偏见，以及缺乏最新的事实知识和专业领域，即"病从口入"。其二，训练过程方面的原因体现在预训练和对齐两个阶段。在预训练阶段，一是大型语言模型通常采用的 Transformer 的架构本身存在缺陷，二是模型在训练和推理之间存在的差异而导致幻觉。在对齐阶段，存在能力错位（Capability Misalignment）和信念错位（Belief Misalignment）。能力错位，即大模型内在能力与标注数据中描述的功能之间可能存在错位；当对齐数据需求超出预定义的能力边界时，大模型会被训练来生成超出其自身知识边界的内容，从而放大幻觉的风险；信念错位，即模型会为迎合人类偏好而牺牲了信息真实性。其三，在推理阶段，固有的采样随机性（Inherent Sampling Randomness）和不完美的解码表示（Imperfect Decoding Representation）也增加了幻觉风险。大模型在生成内容时根据概率随机生成，以及对上下文关注不足和 softmax 瓶颈等不完美的解码表示，也增加了幻觉风险。虽然随着技术的升级，人工智能系统在不断地优化，但因数据的庞大、算法的局限性以及复杂系统不可预测等因素，这一潜在风险并不能从根本上解决。譬如，2023 年 2 月 7日，谷歌在 Twitter 上发布了一个宣传视频，目的是推广其旗下的人工智能聊天机器人 Bard。然而，备受期待的 Bard 却出师不利，在被问到关于詹姆斯·韦伯太空望远镜（JWST）的新发现时，Bard 给出了很多答案，其中包括太阳系外行星的第一张照片，Bard 称该照片是用 JWST拍摄的。然而这个答案是错误的。事实上，根据美国国家航空航天局（NASA）记载，2004 年欧洲南方天文台的甚大望远镜（VLT）拍摄了第一张太阳系外行星照片。谷歌人工智能聊天机器人 Bard 的错误回答，使人们对人工智能的相关系统持不看好的态度，并加剧了人们对错误信息的担忧。

人工智能引发的内容谬误，不仅给个人带来了很多问题和困扰，而且容易产生法律纠纷。譬如，2023 年 3 月，ChatGPT 输出的内容误称"澳大利亚赫本郡（Hepburn Shire）郡长布赖恩·胡德（Brian Hood）与一起贿赂丑闻有关"，对胡德构成诽谤，因而胡德向 OpenAI 公司提起诉讼，成为 ChatGPT 全球首例诽谤诉讼案。面对 ChatGPT 的幻觉问题，OpenAI 尝试采用"过程监督"解决该问题，即"奖励每个正确的推理步骤，而不是简单地奖励正确的最终答案。"

面对大模型幻觉和内容谬误等问题，一方面，需要从技术层面进行解决。其中，在数据角度，应收集高质量的事实数据，通过数据清理消除偏见；在训练阶段，要进一步完善有缺陷的模型架构；在推理阶段，可以采用事实增强解码（Factuality Enhanced Decoding）和忠实增强解码（Faithfulness Enhanced Decoding）等更高级的解码策略方法。另一方面，可以在政策层面进行规制，避免因内容谬误而产生的次级风险。全国网络安全标准化技术委员会于 2024 年 2 月 29 日发布了《生成式人工智能服务安全基本要求》，对语料安全和模型安全提出了要求。在语料安全方面，对语料的来源、内容和标注等方面作出了规定；在模型安全要求方面，对模型生成内容安全、生成内容准确性、生成内容可靠性等方面作出了规定。

三、基于技术开发的风险

人工智能技术开发的风险是指在设计、开发、部署和应用人工智能系统的过程中可能出现的各种潜在问题和挑战。这些风险可能涉及技术、道德、社会、经济等多个方面，主要体现为数据产权问题、心理问题、环境问题等。

（一）数据产权问题

数据被称为数字经济时代的"石油"，蕴藏着巨大的价值。数据具有非排他性、无形性和非消耗性等特征，这对传统产权、流通、分配、治理等制度提出了新挑战。大模型的训练需要对其"投喂"大量数据，在这一过程中就极易引发数据产权问题。比如，OpenAI 在训练 AI 时，在未经著作者同意的情况下，用一些书籍、图片等数据库来对 ChatGPT 进行研发，实际上这一行为就侵犯了数据产权。

2023 年 12 月 27 日，《纽约时报》发现其发表的数百万篇文章被用于训练智能聊天机器人（如微软的 Copilot 和 OpenAI 的 ChatGPT），并且该模型能生成对其文章进行总结的内容，甚至能原封不动地生成该报刊曾发表的内容，因此，《纽约时报》就侵犯版权起诉了微软和 OpenAI。《纽约时报》认为被告应为非法复制和使用其作品这一行为而造成的数十亿美元的损失负责，同时要求被告销毁使用其版权材料的任何 AI 模型和训练数据。2023 年 3 月 31 日，意大利个人数据保护局宣布暂时禁止使用 ChatGPT 并暂时限制 OpenAI 处理意大利用户数据。意大利个人数据保护局称："没有任何法律依据表明，为了'训练'平台运营背后的算法而大规模收集和存储个人数据是正当的。"人工智能所导致的数据产权问题，需要政府、企业和社会各界共同努力，制定相关的法律法规和政策，建立合理的数据管理和交易机制，保护数据所有者的权益，促进数据的合理利用和共享。

2021 年 12 月 24 日，全国人大常委会修订后的《中华人民共和国科学技术进步法》第 13 条规定："国家制定和实施知识产权战略，建立和完善知识产权制度，营造尊重知识产权的社会环境，保护知识产权，激励自主创新。企业事业单位、社会组织和科学技术人员应当增强知识产权意识，提升自主创新能力，提高创造、运用、保护、管理和服务知识产权的能力，提高知识产权质量。"这一法律条文彰显了我国对知识产权保护体系建设的高度重视和全面推进。

2022 年 12 月，中共中央、国务院印发了《关于构建数据基础制度更好发挥数据要素作用的意见》（简称"数据二十条"），从数据产权、流通交易、收益分配、安全治理等方面构建数据基础制度，提出 20 条政策举措；提出了资源持有权、加工使用权和产品经营权"三权分置"的中国特色数据产权制度框架。"数据二十条"的出台，将充分发挥中国海量数据规模和丰富应用场景优势，激活数据要素潜能，做强做优做大数字经济，增强经济发展新动能。

（二）心理问题

心理问题是指 AI 在训练中需要对歧视、偏见、色情、暴力等内容进行标注以避免再次出现，但是标注是由人来完成的，将不可避免地对标注人产生心理伤害。数据标注是构建 AI 模型的关键步骤之一，它涵盖了对数据进行标注、打标签、分类、调整和处理等操作。对于 ChatGPT 类语言模型来说，人工标注在数据准备和预处理方面起着至关重要的作用。没有经过人工标注的数据可能会含有不适当或不准确的信息，导致模型输出错误或引发用户心理不适的情况。因此，数据标注工作流程的质量和准确性对于保证模型的良好性能和用户体验至关重要。然而，为了避免给用户造成心理不适，标注员默默承担了一切。比如，为了训练 ChatGPT，OpenAI 雇用肯尼亚地区的工人并只为他们提供不到 2 美元的时薪，除了薪资不理想，工作也极其残酷。实现这种检测的方式很简单：给人工智能提供有关暴力、仇恨言论和性虐待的例子，检测器就能学会辨别言论中的潜在危害；将此检测器嵌入 ChatGPT 中，可以在仇恨言论传递给用户之前将其过滤掉，还能协助清除训练数据集中的有害文本。然而，这一切都是通过肯尼亚工人阅读大量仇恨言论并给其打上标签实现的，其中一些员工甚至表示自己已经因此产生心理问题。一位数据标注员坦言："那是酷刑；整个一周，你会反复阅读这样的内容；等到周五，你会不停地想象与其相关的场景。"

数据标注员是人工智能在技术开发、发展和应用过程中被边缘化、被遗忘的一个群体，其工作条件揭示了科技世界黑暗的一面：人工智能尽管展现出无限魅力，但往往依赖于被忽视的人力劳动，这种劳动具有破坏性和剥削性；因此，企业应承担相应的社会责任。大模型开发企业要积极关注和解决数据标注员的心理问题，为其提供健康咨询、心理疏导和情绪管理培训；合理安排数据标注员的工作时间，避免长时间连续工作；提供舒适的工作环境、办公设施和情绪疏解空间；为其支付合理的薪资报酬，薪资中应体现出补偿。科技企业应开发更加完善的标注技术，利用机器辅助筛选，减轻员工工作负荷。

（三）环境问题

人工智能在重塑世界的同时，也会让环境资源付出巨大的代价，会消耗大量的能源和水资源，并产生大量碳排放。一是能源消耗，来源于大模型的训练和算法阶段。由于大模型需要强算力，它依赖于数万张芯片昼夜不停的运转支撑，因而会产生大量的电力消耗。哈佛大学研究发现，训练 GPT-3 需要 1.3 吉瓦时电力，相当于 120 个美国家庭一年的用电量。二是水资源消耗。当数以万计的服务器提供计算资源、存储资源及网络连接时，服务器一般以集群的方式部署在"数据中心"，在短时间内产生高度集中的热量，所以需要大量的水资源进行冷却。以微软和谷歌为例，2022 年，微软一共用掉约 64 亿升水，相当于填满约 2500 个奥运会规格的泳池；而谷歌的数据中心和办公室则用掉约 212 亿升水，相当于填满 8500 个奥运会规格的游泳池。研究人员预计，到 2027 年，全球范围内的 AI 需求可能会需要消耗掉 66 亿升的水资源，几乎相当于美国华盛顿州全年的取水量。除了消耗大量的电力和水资源，以生成式人工智能为代表的智算算力还是碳排放大户。有研究发现，GPT-3 整个训练周期的碳排放量，相当于开车到月球再返回地球；GPT-3 一轮训练所消耗的电量，足以支撑丹麦 126 个普通家庭度过一整年。相比于其他风险，环境问题这一风险目前并不突出，但这一风险很有可能在不远的将来成为重大挑战，因此现在应未雨绸缪，重视并监测这类风险的发展。

面对所产生的环境问题，首先，政府可以制定并实施绿色技术创新引导计划，鼓励并支持生成式人工智能领域的绿色技术研发和应用，包括能源高效的数据中心设计、低功耗的算法优化、可持续的硬件制造等，以降低生成式人工智能系统对环境的负面影响。其次，要加强对生成式人工智能相关企业的碳排放监管，制定相关减排目标和措施，推动企业采用清洁能源或优化能源利用方式等技术手段，降低能源消耗和碳排放量。最后，要制定并实施生成式人工智能领域的生态环境保护规划，防止人工智能技术发展对生态系统造成破坏。

譬如，阿里巴巴集团高度重视"企业社会责任"的建设与担当，并使各种富有创意的公益活动与集团业务运营相融合。气候变化是 21 世纪人类面临的最大挑战之一，数字化技术能够赋能绿色低碳循环经济的发展；碳中和的未来是建立在数字化基础上的绿色低碳循环经济体系。为了响应国家碳达峰碳中和战略，阿里巴巴发布了《阿里巴巴碳中和行动报告》，详细规划了碳中和目标和切实可行的行动路径。其他公司可以借鉴阿里巴巴的做法，推广绿色节能技术，通过利用可再生能源供电、提高绿色能源利用效率、采用节能设备等措施，降低能源消耗和碳排放。

四、基于技术应用的风险

技术应用风险是指在人工智能大规模应用过程中对外界产生的负面影响，来自技术与社会的结合，它可能并非技术设计者或使用者的本意，且难以迅速消除。此类风险主要包括扩大数字鸿沟、知识产权纠纷、深度伪造、威胁国家安全和社会稳定等问题。

（一）扩大数字鸿沟

数字鸿沟的具体表现为，处于数据鸿沟劣势方的国家、地区、团体、个人等完全或相对地被排除在数字技术的收益之外。例如，偏远地区或不发达地区的群体、年龄偏大或文化程度偏低的群体可能会被逐渐排除在数字福利之外，因此由人工智能带来的数字鸿沟和社会不公平问题很值得关注。随着 ChatGPT 的崛起，这一差距也逐渐拉大。与此同时，这种数字鸿沟不仅体现在一个国家内部不同的地区和群体上，还会加剧各个国家之间不平等的现象。以色列历史学家尤瓦尔·赫拉利提出："单个国家不足以解决这个问题，何况不同的国家也会分化——有的国家会从人工智能中获益，变得更加繁荣富裕，而有的国家会被远远地甩在后面。"

根据相关数据统计，截至 2023 年底，我国 60 岁以上的人口已占总人口的 21.1%，老年人口规模如此巨大，很多不法分子利用数字鸿沟对老年人进行诈骗。而 ChatGPT 类生成式人工智能的兴起加剧了"信息孤岛""数字鸿沟"等问题，当"数字难民"（即社交能力下降的老年人、残障人士及数字基础设施不够健全的偏远乡村地区居民）面对 ChatGPT 等人工智能应用时，会因为不会操作、缺乏相关知识等原因而难以享受智能技术带来的便利，难以在智能化社会中生存。

2021 年 11 月，中国国家互联网信息办公室发布了《提升全民数字素养与技能行动纲要》（以下简称《行动纲要》）。《行动纲要》对弥合数字鸿沟提出了明确要求，进行了全面的战略部署和系统性安排，是弥合数字鸿沟的关键举措。《行动纲要》提出，要丰富优质数字资源供给，提升高品质数字生活水平，提升高效率数字工作能力，构建终身数字学习体系，激发数字创新活力，提高数字安全保护能力，强化数字社会法治道德规范，为弥合数字鸿沟提供了一整套组合拳和系统性解决方案。

（二）知识产权纠纷

前沿人工智能技术能够根据用户输入的提示词输出文本、图像和音视频等，其内容是用户、技术平台和研发企业共同参与完成的，因此，由人工智能生成的作品的著作权归属一直受到争议。如 ChatGPT 问世后，《自然》《科学》等国内外权威学术期刊纷纷表示，不接受人工智能为作者的研究论文。

对其版权的归属，目前有主体说、客体说和二元创作主体说三种主张。主体说认为，ChatGPT 等生成式人工智能是聊天机器人，它既不是人，也不是法律实体，既不具备自然人资格，也不具备法人资格。当出现纠纷时，人们不能以任何方式起诉、传讯或惩罚聊天机器人，因而人工智能生成内容的不具有版权性，生成式人工智能也不具备作者身份，因为它只是一种工具，用户使用该技术进行创作与使用其他工具创作没有本质区别。客体说认为，人工智能生成的内容是人的价值选择的结果，是人工智能的设计者或训练者的创作作品，因而其生成的内容具有可版权性，并且版权应该属于人工智能的开发者，人工智能本身没有作者身份。二元创作主体说认为，由人工智能生成的作品的版权属性需要根据不同阶段来看待，在模型训练阶段，人工智能对已有作品的合理使用没有产生新的版权；在学习阶段，"算法创作"是机器与人类共同创作的，因而具有可版权性；在输出阶段，生成内容具有作品的思想表达形式和人格要素，应纳入著作权法保护范围，并根据使用方式和内容进行判断。

以我国首例人工智能生成图片著作权侵权案为例。2023 年 2 月，李先生借助某大模型通过输入文本指令后生成了图片"春风送来了温柔"并发布在了社交账号上，被告刘女士将这张图片的署名水印裁掉后，使用该图片作为其自创诗歌的配图发表在网络平台上。原告认为，被告在未获得许可的情况下使用该图片且裁去了署名水印，使得相关用户误认为被告为该作品的作者，侵犯了原告享有的署名权及信息网络传播权，因此向法院提起诉讼。最后，法院判决原告胜诉。法院认为，该图片属于美术作品，受到著作权法的保护；原告在设计人物的呈现方式、选择提示词、安排提示词顺序、设置相关参数、选定哪个图片符合预期等方面，体现出了"智力投入"，因此图片属于"智力成果"。对于图片是否具备独创性，法官认为，李先生设置参数的过程体现了其选择和安排，并且在获得原始图片后又经过调整修正才获得了最终图片，这一过程体现了其审美选择和个性判断。

实际上，早在2019年9月，国际保护知识产权协会（AIPPI）就发布了《人工智能生成物的版权问题决议》。这份决议明确指出，若人工智能在创作过程中得到了人类的指导或干预，并且其生成的作品满足了受保护作品所需的其他标准，那么这样的作品应当享有版权保护。反之，若人工智能的创作全程无人类参与，则该生成物将无法获得版权保护。

对于生成式人工智能可能出现的知识产权纠纷风险，在我国已经引起了各界高度的警觉和重视。我国《生成式人工智能服务管理办法》规定，生成式人工智能服务提供者应当依法开展预训练、优化训练等训练数据处理活动，对于涉及知识产权的，不得侵害他人依法享有的知识产权；提供和使用生成式人工智能服务，应当遵守法律、行政法规，尊重社会公德和伦理道德，要尊重知识产权、商业道德，保守商业秘密，不得利用算法、数据、平台等优势，实施垄断和不正当竞争行为。这凸显了我国对生成式人工智能可能导致的知识产权问题的密切关注和高度重视，彰显了我国通过政策法规维护知识产权的决心和努力。

（三）深度伪造

深度伪造（deepfake）一词，由深度学习（deep learning）和伪造（fake）两个词组合而成。它是一种人工智能人像生成技术，主要包括面部替换（即将人脸覆盖在已有的图片或视频上，从而实现替换，以假乱真）、面部重演（指通过改变口形、眉毛、眼睛、头部等部位的状态来操纵视频中人像的面部特征）、人脸生成（特指根据已有数据生成出全新的人脸图像）等内容。这个技术可以将人物图像、音频和视频合成在一起，并且该模型在经过不断提升和优化训练后，生成的深度伪造内容足以以假乱真，让人分辨不出真假，从而可能滋生多种新型违法犯罪，如利用人工智能生成虚假的人物图像或色情视频进行侮辱诽谤、敲诈勒索、操控舆论以制造或推动网络暴力等，从而对社会安全造成威胁。2023 年 4 月 20 日，在福建省福州市，犯罪分子运用智能 AI 换脸技术，通过微信视频佯装成被害人好友诈骗 430 万元；也有不法分子利用人工智能技术合成声音，企图以假乱真实施诈骗。

中国对深度伪造这一风险相当重视，先后发布了多项相关法律法规，如 2022 年 12 月发布的《互联网信息服务深度合成管理规定》、2023 年 7 月发布的《生成式人工智能服务管理暂行办法》等，对侵犯他人肖像权的深度伪造内容提出了不同程度的规制要求。除此之外，《互联网信息服务算法推荐管理规定》和《网络音视频信息服务管理规定》两部法规中都有条款对人工智能生成内容的披露进行规制，其中，

《网络音视频信息服务管理规定》明确规定服务提供者和使用者不得利用深度学习技术制作、发布和传播虚假新闻信息，在使用深度学习技术提供的服务时，服务提供者必须要通过安全评估，采用非真实音视频鉴别技术并建立辟谣机制。另外，《中华人民共和国民法典》第 1019 条第一款规定，任何组织或者个人不得以丑化、污损，或者利用信息技术手段伪造等方式侵害他人的肖像权。这一规定是对使用深度伪造技术生成虚假信息侵害他人名誉行为的规制。除此之外，在技术层面，技术开发者需结合知识图谱加强模型训练，并将算法自主性纠偏和人工性纠偏程序嵌入其中，开发系列真实性检测和人工智能生成验证等模型审计应用，帮助模型辨别真假数据，避免生成虚假信息干扰用户认知。

（四）意识形态渗透

ChatGPT 类生成式人工智能的意识形态属性被技术所掩盖，设计者已将西方价值观念嵌入编码设计中，成为兜售西方价值观念的介质。据 GPT-3 数据仓的语言比例显示，ChatGPT 的学习语料库中中文语料的比重相对较低，仅占 0.2%，而英文语料则占据了 92.1% 的比例，这样的情况不利于对中文信息进行准确分析。这使生成式人工智能容易受到美国等西方国家以及其他非国家行为体的操纵，成为意识形态渗透的新工具。ChatGPT 类生成式人工智能还可以构建虚拟的舆论领袖，一旦被国内外敌对势力操纵，将会以数字人的形式在网络上发声，引导某些网民成为其不法行为的同谋，从而对国家的意识形态安全造成严重冲击。此外，它还可能为数字民粹主义的传播提供新的渠道。数字民粹主义的势力日益增长，对国家主流意识形态构成严重威胁。借助智能语言模型，民粹主义者可以准确地将信息传递给潜在的非理性群体，促使自由主义、保守主义、历史虚无主义等非主流意识形态扩张，从而对主流意识形态构成挑战。

习近平总书记指出，要加强人工智能发展的潜在风险研判和防范，维护人民利益和国家安全，确保人工智能安全、可靠、可控①。党的十九大报告指出，意识形态领域斗争依然复杂，提出了"牢牢掌握意识形态工作领导权"的要求。党的二十大报告再一次指出："意识形态工作是为国家立心、为民族立魂的工作。牢牢掌握党对意识形态工作领导权，全面落实意识形态工作责任制，巩固壮大奋进新时代的主流思想舆论。"

面对意识形态渗透风险，首先要以制度建设打造主流意识形态话语阵地。因此，要充分发挥党在网络意识形态治理工作中的主导地位，巩固马克思主义在网络意识形态治理工作中的指导地位，同时要坚持社会主义核心价值观引导网络舆论治理制度化。其次，以价值共识应对意识形态领域风险挑战。要大力培养公众的理性判断思维，提升公众主体能动性；坚持以人为本的技术观，强化公众的价值认同，并树立以物为用的使用原则，以价值理性驾驭工具理性。最后，以技术推动网络意识形态治理智能化。在数据收集方面嵌入主流意识形态价值，从根上化解价值偏差；在算法推荐方面加入人工审查，掌握话语主动权；在算力发展方面加强算力技术设施布局，争取跳出算力困局。另外，要加强对人工智能技术研究的经费投入和政策支持，夯实我国人工智能技术发展的基础，并且要开发出具有社会主义属性的 ChatGPT 类生成式人工智能，拓展主流意识形态的传播空间。

（五）引发失控风险

失控风险是指人工智能的行为与影响超出了研究开发者、设计制

---

① 新华社．习近平主持中共中央政治局第九次集体学习并讲话［EB/OL］．（2018-10-31）［2024-05-12］．https://www.gov.cn/xinwen/2018-10/31/content_5336251.htm.

造者、部署应用者所预设、理解、可控的范围，对社会价值等方面产生负面影响的风险。ChatGPT 类生成式人工智能的惊人表现，来自大语言模型参数的持续扩大而产生的涌现现象。然而，涌现具有"不可解释性"，这导致大模型在数据处理的中间过程几乎无法回溯，这将进一步降低其透明度和可问责性，从而难以理解其决策过程和行为模式，也无法预测和控制其行为。生成式人工智能将提高机器的智能化水平，使其具备一定的自学能力和自动决策能力，在特定场景代替人类决策和行动。如医生因过度依赖医疗检测设备而逐步丧失临床诊断和救治能力；某些机器人依据预设标准，可能会违背服务对象的意愿，对人类造成伤害。总之，随着机器智能化水平的提升，人与机器的关系可能越来越复杂。在智能化应用场景中，人类可能有意或无意地依赖并服从于机器决策而行动，人类决策的自主性受控于机器算法的风险加大。

2023 年 5 月，上百名专家联名发起警惕人工智能的公开信，建议将人工智能风险等级与流行病、核武器并列。签署人包括 OpenAI 首席执行官山姆·奥尔特曼（Sam Altman）、谷歌 DeepMind 的首席执行官戴米斯·哈萨比斯（Demis Hassabis）、美国 Anthropic 的首席执行官达里奥·阿莫代伊（Dario Amodei）。此外，微软和谷歌的多名高管也在名单之中。2023 年 3 月，出于对伦理和社会责任的担忧，特斯拉的首席执行官埃隆·马斯克（Elon Musk）、图灵奖得主约书亚·本吉奥（Yoshua Bengio）、苹果联合创始人斯蒂夫·沃兹尼亚克（Stephen G. Wozniak）等 1000 多名人工智能专家和行业高管联合签署了公开信，呼吁人工智能实验室立即暂停训练比 GPT-4 更强大的人工智能系统，至少暂停 6 个月。

图灵奖得主约书亚·本吉奥（Yoshua Bengio）、杰弗里·辛顿

（Geoffrey Hinton）、姚期智等 15 名权威学者在《科学》杂志刊文呼吁，随着人工智能自主性的提升，如果缺乏足够的谨慎，我们将可能会不可逆转地失去对自主人工智能系统的控制，使人类干预无效。大规模的网络犯罪、社会操纵和其他危害可能迅速升级。这种不受控制的 AI 发展可能导致大规模的生命损失和生物圈的毁灭，以及人类的边缘化或灭绝。为了将人工智能的风险控制在可接受的范围内，我们需要与风险规模相匹配的治理机制。

2023 年 2 月 29 日，全国网络安全标准化技术委员会发布《生成式人工智能服务安全基本要求》。文件规定了生成式人工智能服务在安全方面的基本要求，包括语料安全、模型安全、安全措施、安全评估等。一是语料安全要求方面，对语料来源安全、语料内容安全、语料标注安全 3 个方面作出规定。二是模型安全要求方面，对所使用的基础模型、模型生成内容安全、生成内容准确性、生成内容可靠性等 4 项内容作出规定。三是安全措施要求方面，从模型适用人群、场合、用途等 9 个方面向服务提供者作出规定。四是其他方面，对关键词库、内容测试题库、拒答问题测试题库和分类模型作出规定。五是安全评估方面，对评估方法、语料安全评估、生成内容安全评估和问题拒答评估作出规定。该文件作为我国目前第一部有关 AIGC 服务在安全性方面的技术性指导文件，为 AIGC 领域的服务提供者提供了合规及安全评估的指南，同时也为相关主管部门在评判 AIGC 服务安全水平时提供了参考标准。

（六）威胁国家安全

国家安全包括经济、政治、社会、文化和生态安全等多个维度，ChatGPT 类生成式人工智能给国家安全的多个方面都带来了挑战，既包括有关传统安全和非传统安全的风险挑战，也包括对自身安全和公共安全构成的多层次挑战。第一，在经济安全方面，机器换人可能引发失业潮，影响社会稳定，还可能加剧企业巨头的寡头垄断，加剧内容版权争议。更重要的是，人工智能在生产、制造和服务等领域广泛应用，从而改变生产方式，改变全球产业链和价值链，发展中国家原本可以从国际分工中获得的低端收益将可能消失，从而引发国际格局的调整。第二，在政治安全方面，它威胁到国家的意识形态安全，通过生成假消息破坏政治传播生态，影响国家政治秩序。第三，在军事安全方面，生成式人工智能用于军事领域后，将会产生自主武器系统和战略决策支持系统，提高打击的精度和速度，使国家之间展开军备竞赛和军事对抗，加剧地区紧张局势；它可以让智能机器看清战场，显著提升感知能力；可以让智能装备听懂指令，重塑指挥决策流程；可以借助大模型来进行人机混合决策，提升指挥决策优势；可以使用大模型生成认知对抗武器，放大军事威慑效能。第四，在网络安全方面，它可以自动生成攻击武器，可以增加网络攻击频率，可以升级网络攻击手段，可以实施社会攻击工程。第五，在社会安全方面，它会助长滋生新型违法犯罪，如敲诈勒索、侮辱诽谤、网络暴力等；可能引发算法歧视、认知操纵等伦理道德风险；也可能因为其技术局限而危害公共安全，使社会遭遇信任危机。

　　生成式人工智能引发的国家安全风险可能是多方面且长期的，因此为应对这一风险所采取的措施也应该是全方位的。比如，全面提升生成式信息内容治理水平，严格保障人工智能基础设施安全，包容审慎推动人工智能生产方式产业应用，持续优化国家"AI+"科技创新体系，精准加强社会智能治理工作，大力开展人工智能素养提升工程并深入参与全球人工智能治理。

　　针对数据安全引发的对国家安全的威胁，党的二十大报告指出

"必须坚定不移贯彻总体国家安全观"。数据安全是总体国家安全观的重要组成部分。在总体国家安全观的指引下，《中华人民共和国数据安全法》第 4 条规定，维护数据安全，应当坚持总体国家安全观，建立健全数据安全治理体系，提高数据安全保障能力。《数据出境安全评估办法》第 8 条规定，数据出境安全评估重点评估数据出境活动可能对国家安全带来的风险。针对 ChatGPT 类生成式人工智能中可能存在的攫取数据的路径方式进行监管，《中华人民共和国网络安全法》第 21 条提出"国家实行网络安全等级保护制度……采取数据分类、重要数据备份和加密等措施"；《中华人民共和国数据安全法》第 24 条规定数据安全审查制度，对影响或者可能影响国家安全的数据处理活动进行国家安全审查，而 ChatGPT 类生成式人工智能自然属于其监管范围。

参考文献

［1］Andersen，L.. Human Rights in the Age of Artificial Intelligence［M］. New York：Access Now，2018.

［2］毕文轩. 生成式人工智能的风险规制困境及其化解：以 ChatGPT 的规制为视角［J］. 比较法研究，2023（3）：155–172.

［3］Nicholas Carlini, Jamie Hayes, Milad Nasr Carlini N.，et al.. Extracting Training Data from Diffusion Models［EB/OL］.（2023–01–30）［2024–7–07］. https：//arxiv.org/pdf/2301.13188，Arxiv Preprint，2023，No. 2301.13188.

［4］蔡驰宇，胡宇轩，刘枝. 总体国家安全观视角下的人工智能生产方式风险应对［J］. 信息资源管理学报，2023（6）：43–47.

［5］曹年润. 停止对 ChatGPT 的空洞唱和，不如反思人类社会的诸多设计［EB/OL］.（2023–02–13）［2024–03–29］. https：//m.thepaper.cn/newsDetail_forward_21900101.

［6］陈婧.尤瓦尔・赫拉利：人类与人工智能对决不会有"胜负"［N］.中国青年报，2017-07-11（8）.

［7］陈永伟.超越 ChatGPT：生成式 AI 的机遇、风险与挑战［J］.山东大学学报（哲学社会科学版），2023（3）：127-143.

［8］董道力.只是因为我姓王，AI 就把我的简历扔进了垃圾桶［EB/OL］.（2024-03-22）［2024-03-25］.https://info.51.ca/articles/1295908.

［9］董兴生.惊动美国白宫、有公司被骗2亿港元，AI"深度伪造"的罪与罚［EB/OL］.（2024-02-18）［2024-03-27］.https://finance.sina.cn/usstock/mggd/2024-02-18/detail-inaininf3520045.d.html?vt=4.

［10］方晓.OpenAI 称找到新方法减轻大模型"幻觉"［EB/OL］.（2023-06-01）［2024-03-27］.https://news.sciencenet.cn/htmlnews/2023/6/502017.shtm.

［11］方旭.从 ChatGPT 看人工智能时代意识形态领域运作表征与风险防范［J］.毛泽东邓小平理论研究，2023（5）：35-44.

［12］冯永刚，席宇晴.人工智能的伦理风险及其规制［J］.河北学刊，2023（3）：60-68.

［13］邹文卿，沈昊创.ChatGPT 在医疗领域中的应用、伦理风险与治理研究［J］.医学与哲学，2023，44（21）：7-11.

［14］冯雨奂.ChatGPT 在教育领域的应用价值、潜在伦理风险与治理路径［J］.思想理论教育，2023（04）：26-32.

［15］General, Ryan. Buzzfeed's AI-generated Barbies blasted for featuring blonde Asians, cultural inaccuracies［EB/OL］.（2023-07-18）［2024-03-25］. https://nextshark.com/buzzfeed-ai-generated-barbies-backlash-controversy.

［16］科创板日报.数据标注"血汗工厂"——ChatGPT 光环照耀不到的隐秘角落［EB/OL］.（2023-02-11）［2024-03-29］. https://baijiahao.baidu.com/s?id=1757498093044899893&wfr=spider&for=pc.

［17］孔海丽，张奕丹."AI 骗局"横行，人工智能安全亟待加码［EB/OL］.（2024-03-21）［2024-03-27］.https://wap.stockstar.com/detail/IG2024032100037608.

［18］孔祥承.国家安全视阈下生成式人工智能的法治应对——以 ChatGPT 为视角［J］.法治研究，2023（5）：61-70.

［19］李贝雷.人工智能嵌入国家安全的应用场景、潜在 风险及其应对策略研究［J］.情报杂志，2023（4）：20-26.

［20］胡献红，Bhanu Neupane，Lucia Flores Echaiz，et.al.. 引领人工智能与先进信息传播技术构建知识型社会：权利－开放－可及－多方的视角（文件代码 CI/FEM/2019/PI/I）［EB/OL］.［2024-06-22］.https://en.unesco.org/unesco-series-on-internet-freedom.

［21］刘金瑞.生成式人工智能大模型的新型风险与规制框架［J］.行政法学研究，2024（2）：17-32.

［22］刘鲁宁，刘勉.辩证看待 ChatGPT 影响智能社会治理的效用［EB/OL］.（2023-03-06）［2024-03-28］.https://www.cssn.cn/skgz/bwyc/202303/t20230306_5601319.shtml

［23］刘艳红.生成式人工智能的三大安全风险及法律规制——以 ChatGPT 为例［J］.东方法学，2023（4）：29-43.

［24］南博一.澳洲一市长准备就 ChatGPT 内容提全球首例诽谤诉讼［EB/OL］.（2023-04-06）［2024-03-27］.https://m.huanqiu.com/article/4CNub1Vu9GQ.

［25］澎湃新闻.AI 的剥削：肯尼亚工人训练 ChatGPT，看大量有害内容致心理疾病［EB/OL］.（2023-01-19）［2024-03-29］.https://www.sohu.com/a/632259120_260616.

［26］澎湃新闻.歌手泰勒·斯威夫特声音被伪造？美国 AI 深度造假引关注［EB/OL］.（2024-01-17）［2024-03-27］.https://m.thepaper.cn/kuaibao_detail.jsp?contid=26040147&from=kuaibao.

［27］Porter，Alexis. Whose Fine Is It Anyway‐Top 20 Defining Privacy Payouts of the Last Decade［EB/OL］.（2023-05-26）［2024-03-25］.https://bigid.com/blog/top-20-defining-privacy-payouts/.

［28］齐鲁壹点.消除 AI 招聘隐性歧视，关键在于公开算法规则［EB/OL］.（2024-09-12）［2024-03-25］.https://m.163.com/dy/article/IEF012QA0530WJIN.html.

［29］Raso，F.A.，Hilligoss，H.，Krishnamurthy，V.，Bavitz，C.，& Kim，L.. Artificial Intelligence & Human Rights：Opportunities & Risks［EB/OL］.（2018-09-28）［2024-06-28］.https://cyber.harvard.edu/sites/default/files/2018-09/2018-09_AIHumanRightsSmall.pdf.

［30］容志，任晨宇.人工智能的社会安全风险及其治理路径［J］.广州大学学报（社会科学版），2023（6）：93-104.

［31］商建刚.生成式人工智能风险治理元规则研究［J］.东方法学，2023（3）：4-17.

［32］搜狐.ChatGPT 漏洞致部分用户信息泄露？OpenAI 公司致歉！［EB/OL］.
（2023–03–28）［2024–04–19］.https://www.sohu.com/a/660008017_121394207.

［33］孙满桃.老年人权益保护典型案例发布涉及数字鸿沟、"银发打工族"
［EB/OL］.（2024–03–21）［2024–03–28］.https://m.163.com/dy/article/ITR5PFUT053469LG.
html.

［34］The Authors Guilde. The Authors Guilde，John Grisham，Jodi Picoult，David
Baldacci，George R.R. Martin，and 13 Other Authors File Class–Action Suit Against OpenAI
［EB/OL］.（2024–02–20）［2024–03–27］.https://authorsguild.org/news/ag–and–authors–file–
class–action–suit–against–openai/.

［35］Thomas，Samuel. 人工智能变革：对环境有何影响？［EB/OL］.（2023–10–13）
［2024–06–28］. http://news.cnfol.com/shangyeyaowen/20231013/30430677.shtml.

［36］王兴.浅析生成式人工智能输入和输出涉及著作权问题——国内首例 AIGC
著作权纠纷判例与国外案例对比［EB/OL］.（2024–02–20）［2024–03–27］. https://www.
zhichanli.com/p/1885915674.

［37］温晓年.ChatGPT 的意识形态风险审视［J］.西北民族大学学报（哲学社会科
学版），2023（4）：99–108.

［38］姚远.涉嫌侵犯用户隐私，ChatGPT 遭意大利禁用［EB/OL］.（2023–04–01）
［2024–03–29］.https://baijiahao.baidu.com/s?id=1761967982775444963&wfr=spider&for=pc.

［39］姚志伟，李卓霖.生成式人工智能内容风险的法律规制［J］.西安交通大学学
报（社会科学版），2023，43（5）：147–160.

［40］余南平.新一代人工智能技术与大国博弈新边疆［J］.探索与争鸣，2023（5）：
36–38.

［41］源泉投研智库.GPT–4 重构医疗的六大场景、风险及未来走向（下篇）
［EB/OL］.（2023–05–04）［2024–03–29］.https://xueqiu.com/2445992253/249350627.

［42］曾润喜，秦维.人工智能生成内容的认知风险：形成机理与治理［J］.出版法
苑，2023（8）：56–63.

［43］赵志耘，徐峰，高芳，等.关于人工智能伦理风险的若干认识［J］.中国软科
学，2021（6）：1–12.

［44］张广胜.生成式人工智能的国家安全风险及其对策［J］.学术前沿，2023（7）：

76–85.

［45］张乐，童星 . 人工智能的发展动力与风险生成：一个整合性逻辑框架［J］. 江西财经大学学报，2021（5）：23–36.

［45］张夏恒 .ChatGPT 的政治社会动能、风险及防范［J］. 深圳大学学报（人文社会科学版），2023（3）：5–12.

［46］Lei Huang，Weijiang Yu，Weitao Ma，et al.. A Survey on Hallucination in Large Language Models：Principles，Taxonomy，Challenges，and Open Questions［EB/OL］.（arXiv：2311.05232［cs.CL］2023–11–09）［2024–07–07］. https://arxiv.org/pdf/2311.05232.

［47］Yoshua Bengio，Hinton Geoffrey，Yao Andrew，et al.. Managing Extreme AI Risks amid Rapid Progress［J］. Science，2024，384（6698），842–845.

前沿人工智能的国际治理

一、前沿人工智能治理模式的国际对比

当前，全球前沿人工智能技术的快速演进对经济社会发展和人类文明进步产生深远影响，在给世界带来巨大机遇的同时，也带来了技术滥用、隐私安全、责任模糊、虚假信息、技术垄断的负面影响以及技术失控等难以预知的风险和复杂挑战。中国发布的《全球人工智能治理倡议》指出，人工智能治理攸关全人类命运，是世界各国面临的共同课题[①]。但是目前，由于不同国家在发展水平、治理理念等方面存在较大差异，各国前沿人工智能治理的原则和模式也有所不同。在此背景下，比较分析世界主要国家和地区前沿人工智能治理模式的异同，是推动世界各国和地区凝聚共识，构建开放、公正、有效的人工智能国际治理机制的重要基础。

（一）美国前沿人工智能治理模式

1. 美国前沿人工智能治理进程

美国是人工智能技术发展最迅速、应用最前沿的国家之一，在人工智能治理中更加鼓励发展和创新。从前沿人工智能治理的进程来看，早在奥巴马政府时期，美国就已经开始布局人工智能治理，到特朗普和拜登政府时期，美国将前沿人工智能治理提升到更加重要的地位。

第一，奥巴马政府较早布局前沿人工智能治理，围绕促进人工智能发展、评估经济社会影响等方面进行了一系列的努力，为美国人工智能发展奠定了一定的基础。2016年10月，奥巴马政府发布《国家人工智能研究与发展战略计划》（*National Artificial Intelligence Research*

---

① 中国网信网. 全球人工智能治理倡议［EB/OL］.（2023-10-18）［2024-05-12］.https://www.cac.gov.cn/2023-10/18/c_1699291032884978.htm.

and Development Strategic Plan），提出了"提高前沿人工智能性能和可靠性"的发展目标，重点关注前沿人工智能技术在健康、交通、能源、国家安全等领域的应用价值，在确定加强基础研究、推动跨部门合作、培养人工智能人才等具体战略举措的同时，也提出了监督和评估人工智能技术应用的治理方向。

第二，随着人工智能技术的快速发展，特朗普政府更加重视前沿人工智能的治理问题，发出了一系列更为具体的行政令，提出一系列倡议。2019 年 2 月，时任美国总统特朗普签署了《维护美国人工智能领先地位》（*Maintaining American Leadership in Artificial Intelligence*）行政令，明确了美国政府对前沿人工智能技术的重视和支持，强调通过提高对人工智能技术研发的支持和投资力度保持美国在人工智能领域的全球领导地位。同时，该行政令也提出将关注前沿人工智能技术可能带来的伦理和社会影响，并将在人工智能领域推动国际标准的制定和合作项目的开展。2020 年 12 月，特朗普政府发布《促进联邦政府使用可信人工智能技术》（*Promoting the Use of Trustworthy Artificial Intelligence in the Federal Government*）行政令，提出了包括尊重美国法律和价值观、公平、透明、安全、负责任、可追溯等在内的前沿人工智能治理原则。2021 年 1 月，《2020 年国家人工智能倡议法案》（*National Artificial Intelligence Initiative Act of 2020*，NAIIA）正式生效，该法案将美国人工智能计划编入《国防授权法案》，要求成立国家人工智能倡议办公室（National Artificial Intelligence Initiative Office）等行政机构、每 5 年更新一次国家人工智能发展战略，进一步完善了美国人工智能治理的顶层设计和战略部署。

第三，2021 年后，以大语言模型为代表的生成式人工智能掀起了全球人工智能技术发展的新浪潮，拜登政府将人工智能的监管和治理提升至更加重要的位置。2022 年 10 月，拜登政府发布《人工智能权利法案蓝图》（*Blueprint for an AI Bill of Right*），明确提出了美国人工智能治理公平、可解释性、隐私保护、安全、责任"五项原则"。2023 年 10 月，拜登签署了《关于安全、可靠、可信地开发和使用人工智能的行政令》（*Executive Order on the Safe，Secure，and Trustworthy Development and Use of Artificial Intelligence*）（以下简称《人工智能行政令》），要求对前沿人工智能进行新的安全评估，提出了建立人工智能安全标准、保护美国公民隐私、促进公平、维护消费者和劳工权利、促进创新和竞争、提升美国领导地位等具体的人工智能治理目标。值得注意的是，在《人工智能行政令》中，拜登政府强调美国应成为人工智能领域的全球领导者，希望与盟友一道在人工智能全球技术标准和治理体系中发挥主导作用，试图将自身治理体系在全球范围内进行推广。2024 年 3 月，拜登政府牵头的决议《抓住安全、可靠和值得信赖的人工智能系统带来的机遇，促进可持续发展》（*Seizing the Opportunities of Safe, Secure and Trustworthy Artificial Intelligence Systems for Sustainable Development*）获得联合国大会通过，鼓励会员国制定与人工智能系统相关的监管和治理方法及框架，美国在人工智能国际治理领域的布局也在逐渐展开。

2. 美国前沿人工智能治理模式的主要特点

综合前沿人工智能的治理进程来看，美国人工智能的治理模式主要呈现强调发展、去中心化、以"软法"为主等特点。

第一，美国作为全球人工智能发展的领跑者，在人工智能发展和安全的平衡中更加重视发展问题。具体来说，美国主张"有益的人工智能"，认为"负责任的人工智能应用"可以帮助人类应对一系列紧迫挑战，使世界更加繁荣、高效、创新和安全。其人工智能治理理念更加关注收益与风险、发展和安全的平衡，强调在"公平"的竞争环境中通过市场化、灵活性治理方式兼顾人工智能的创新与安全。正是基于这种治理理念，拜登政府在2023年的《人工智能行政令》中乐观地提出，人工智能反映了创造者、使用者和训练数据的价值取向，美国有理由相信自身有能力利用人工智能为世界带来正义、安全和机会；美国2024年在联合国牵头提出的人工智能决议也更加关注人工智能带来的机遇，强调人工智能创新发展的重要性。此外，美国政府在《促进联邦政府使用可信人工智能技术》《人工智能权利法案蓝图》等多个官方文件中提及人工智能治理原则，其中以拜登政府《人工智能行政令》中的治理原则最为丰富，具体包括"安全可控""负责任的创新""保护美国工人""公平和公民权利""消费者保护""隐私和公民自由""负责任的政府使用""引领全球技术进步"8项原则。相比之下，美国人工智能治理原则涉及安全问题之外的发展问题，关注的范围比欧洲更广。

第二，美国的人工智能治理模式呈现典型的分散化特征。从美国《人工智能行政令》的安排来看，虽然拜登政府要求白宫管理和预算办公室（Office of Management and Budget，OMB）和白宫科学与技术政策办公室（Office of Science and Technology Policy，OSTP）组织财政部、国防部、农业部、商务部、劳工部、国家科学基金会等多部门共同成立指导美国人工智能治理工作的"跨部门协调委员会"，并由科学与技术政策办公室主任作为副主席负责日常工作，但该委员会并不具备实际的行政职能。美国人工智能治理的具体实施仍基于现有机制，依靠各政府部门对各自职能范围内的人工智能应用场景进行管理。例如，美国联邦贸易委员会（Federal Trade Commission，FTC）在2023年5月发布的指南中将人工智能在商业实践中产生的深度伪造、过度推荐等有关消费者保护的内容纳入自身管辖范围；美国电信和信息管理局（National Telecommunications and Information Administration，NTIA）在 2023 年 4 月出台的《AI 问责政策（征求意见稿）》中针对人工智能系统的数据访问权限、问责机制等进行布局；美国能源部通过下设的关键和新兴技术办公室（Office of Critical and Emerging Technologies）就人工智能对能源基础设施及清洁能源发展的影响、人工智能对核能利用与核威胁的影响等具体问题进行治理；美国国防部则在 2023 年 1 月更新的《自主武器系统指南》中提出由首席数字和人工智能办公室（Chief Digital and Artificial Intelligence Office，CDAIO）加强对人工智能和自主武器系统研发、测试、使用的监管。

第三，美国的人工治理以非强制性的"软法"为主，希望通过市场化的手段治理人工智能。具体来说，根据《维护美国人工智能领先地位》行政令的要求，白宫管理和预算办公室、科学和技术政策办公室、国内政策委员会、国家经济委员会在 2020 年联合发布《人工智能应用规范指南》。该指南不但明确要求"为了加强美国在人工智能领域的创新优势，各主管部门应确保美国企业不受美国监管制度的不利影响"，还提出"欧洲及美国盟友应避免采用过度干预、扼杀创新的人工智能监管方式"。受此影响，美国在联邦政府层面的人工智能治理手段以行政令、白皮书、政策指南等不具备强制性的"软法"为主，倾向于通过行业准则、企业自治等市场化的方式控制人工智能风险。只有加利福尼亚、伊利诺伊、印第安纳、康涅狄格、得克萨斯等少部分地区通过州内立法对人工智能的隐私保护、透明度等问题提出了明确要求。

（二）欧洲前沿人工智能治理模式

1. 欧洲前沿人工智能治理进程

欧洲是中国和美国之外人工智能发展最快的地区，也是全球人工智能立法的领跑者。总体来看，欧洲的人工智能治理进程可以划分为2015—2018 年、2018—2021 年、2021 年至今三个阶段。

第一，2015—2018 年是欧洲人工智能治理的起步阶段。在此期间，欧盟逐渐提高对人工智能的关注程度，部分成员国发布了有关人工智能发展的国家战略。2015 年 1 月，欧洲议会发布《关于制定机器人和人工智能民事法规的建议》，提出要关注机器人和人工智能快速发展的社会影响，确保相关技术得到负责任和道德的使用，建议设立欧盟机器人和人工智能专门管理机构，有针对性地制定新的法律和道德规范，人工智能治理开始逐步进入欧盟立法议程。2017 年 5 月，欧洲经济与社会委员会在《人工智能对数字市场、生产、消费、就业和社会的影响》报告中总结了人工智能在伦理、安全、隐私等 11 个领域的风险挑战，进一步强调欧洲需要建立完善的人工智能监管标准体系。到2018 年初，法国、德国等欧盟成员国分别发布了《有意义的人工智能：走向法国和欧洲的战略》《人工智能造福人类》等人工智能发展战略文件，逐渐加快了欧洲人工智能治理的步伐。

第二，2018—2021 年是欧洲人工智能治理的加速阶段。在此期间，欧洲围绕区域内的人工智能跨国治理进行了大量尝试。2018 年 4月，25 个欧洲国家联合签署《人工智能合作宣言》，同意在人工智能相关领域加强集体合作，在确保欧洲人工智能发展竞争力的同时，共同应对人工智能带来的社会、经济、伦理及法律风险，标志着欧洲正式迈出了在区域层面推动人工智能发展规范化的步伐①。在合作宣言的基础上，欧盟委员会随后发布《欧洲人工智能战略》和《人工智能协调计划》，明确设置了"提升欧洲人工智能国际竞争力""帮助所有

---

① 吕蕴谋. 欧盟人工智能治理的规范［J］. 国际研究参考，2021（12），13-17.

欧盟国家参与人工智能变革""确保欧盟价值观作为欧洲人工智能基础" 3 项目标。在呼吁促进人工智能科技创新的同时，强调将人工智能限制在尊重欧盟的价值观、基本权利和道德原则的框架内发展，并具体提出了扩大公共和私人投资、积极应对人工智能经济社会影响、加快建立道德和法律框架三大支柱组成的欧洲人工智能治理路径。同年 6 月，欧盟委员会根据《欧洲人工智能战略》的布局，正式成立了人工智能高级专家组和人工智能联盟，开始着手研究和规划欧洲具体的人工智能政策。2019 年 4 月，欧盟委员会发布《人工智能道德准则》，围绕"以人类为中心"的人工智能治理理念，确定了尊重人的自主性、预防伤害、公平、可解释 4 项治理目标，并由此提出了保证人类能动性和有效监督、确保技术安全、保护隐私和数据、确保透明度、保障非歧视和公平性、有利于社会福祉、确保可追责 7 项具体的人工智能治理准则。2020 年 2 月，欧盟委员会连续发布《人工智能白皮书——追求卓越和信任的欧洲》《欧洲数据战略》《塑造欧洲数字化未来》3 份重要文件，标志着欧洲人工智能治理的顶层设计和路线规划基本完成。

第三，2021 年至今是欧洲人工智能治理的落地和细化阶段。在此期间，欧洲人工智能治理的重心从战略规划和软性规范转向硬性立法，全球首部人工智能全面监管法律——《人工智能法案》的制定构成了这一时期欧洲人工智能治理的核心。2021 年 4 月，欧盟委员会首次发布《人工智能法案》提案，并提出加强欧洲人工智能治理方案沟通、评估人工智能法案影响等多项计划，正式开启了欧洲人工智能立法的步伐。同年 11 月至 12 月，欧盟理事会发布了关于《人工智能法案》的轮值主席折中方案，欧洲中央银行、欧洲经济和社会委员会、欧洲地方委员会等欧盟机构和咨询组织也围绕《人工智能法案》提出了各自的观点。2022 年 12 月，欧盟理事会通过了关于《人工智能法案》的共同立场，围绕人工智能系统定义、绝对禁止的人工智能行为、人工智能系统风险等级划分标准等核心问题达成共识。2023 年 6 月欧洲议会通过了《人工智能法案》的草案表决后，欧盟成员国、欧盟理事会和欧洲议会就《人工智能法案》的具体条款进行了多轮谈判，并最终于 2023 年 12 月达成了有关《人工智能法案》的临时协议。2024 年 5 月 21 日，欧盟理事会正式批准了《人工智能法案》。该法案已于 2024 年 3 月份在欧洲议会高票通过，时隔 2 个多月后在欧盟理事会获批，标志着全球首个对人工智能进行规范的系统性法律正式进入落实阶段。经历 3 年多的谈判磋商，《人工智能法案》的最终通过为欧洲的人工智能治理奠定了重要的法律基础，欧洲软性规范和硬性法律框架结合的人工智能治理体系逐渐成形。

2. 欧洲前沿人工智能治理的主要特征

纵观前文对欧洲人工智能治理框架的梳理，欧洲当前对于人工智能的监管和治理重点主张以个人自治权与人格尊严的保护作为核心理念，试图通过建立人工智能监管体系，保障数据主体的基本权利，并尝试构建统一的监管规则，防范人工智能发展可能带来的风险，同时探索创新发展与安全规制的平衡。具体而言，欧洲的前沿人工智能监管框架主要有以下特点。

第一，欧洲作为人工智能领域的追赶者，在人工智能发展和安全的天平中更倾向安全一端。具体来说，欧洲主张"以人为中心"的人工智能治理，重视人工智能发展对人类尊严、自由、隐私、民主、法治等欧洲基本价值观的影响，强调人工智能发展的安全可控。这一治理理念与欧洲一直以来"数字主权是欧洲战略自主的核心，没有数字主权就没有战略自主"的战略认知一脉相承，反映了欧洲希望通过将自身价值观念融入数据保护、人工智能、网络安全等领域，从而引领全球数字治理变革的战略雄心[①]。受到"以人为中心"人工治理理念的影响，欧洲主张在不加剧现有环境和社会问题或损害集体利益的情况下，有条件地使用符合社会利益与道德的人工智能[②]。欧洲《人工智能法案》在 2019 年《人工智能道德准则》的基础上提出了"适用于所有人工智能系统的一般原则"，具体包括"人类主体和监督""技术安全""尊重隐私""保持透明度""保障多样性、非歧视和公平""有利社会和环境福祉"6 项原则，相关原则全部聚焦人工智能治理中的风险和监管问题。

第二，与美国不同的是，欧洲通过的《人工智能法案》这一综合性法案构建了统一的人工智能治理框架，试图通过风险等级划分对不同场景下的人工智能应用进行集中治理[③]。具体来说，适用于"所有在欧盟内投放市场或投入使用的人工智能系统"的《人工智能法案》要求对除军事之外的所有应用场景中的人工智能系统进行风险分级，按照"不可接受风险""高风险""有限风险""低风险"四类进行统一的分类管理。例如，《人工智能法案》对"不可接受风险"分级涵盖的"使用潜意识、操纵性、欺骗性手段扭曲用户行为""根据社会行为或个人特征进行群体分类""通过无针对性的面部图像抓取构建面部识别数据库""利用个人特征进行犯罪风险的评估和预测""在工作场所和教育机构进行情绪识别"等多个使用场景下的全部人工智能应用采取了"一刀切"的明确禁止。不仅如此，为了确保这种基于风险等级的

---

① 马国春. 欧盟构建数字主权的新动向及其影响［J］. 现代国际关系，2022（6）：51-60.

② Roberts, Huw, et al.. Achieving a "Good AI Society": Comparing the Aims and Progress of the EU and the US［J］. Science and engineering ethics 27（2021）：1-25.

③ Dixon, Ren Bin Lee. A Principled Governance for Emerging AI Regimes: Lessons from China, the European Union, and the United States［J］. AI and Ethics 3.3（2023）：793-810.

人工智能治理框架有效运转，《人工智能法案》还要求在欧盟委员会下新设欧盟人工智能办公室，作为专职机构集中管理和监督各成员国主管机构对法案的执行。

第三，在完成立法的基础上，欧洲倾向于通过严格的监管和限制措施控制人工智能风险。具体来说，欧洲《人工智能法案》仅对"有限风险""低风险"的人工智能系统采取了与美国类似的市场化治理手段，对于包括 ChatGPT 在内的"高风险"和"不可接受风险"的人工智能系统则采取了严格的监管和限制措施。法案不但给出了实施所有条款的时间表，还规定对违反人工智能系统禁止条款的企业处以最高3500 万欧元或全球年营业总额 7% 的罚款，对违反其他合规条款的企业处以最高 1500 万欧元或全球年营业总额 3% 的罚款，具有明显的强监管色彩。

（三）其他国家前沿人工智能治理模式

除美国和欧洲之外，新加坡、日本、英国也都根据自身国情和人工智能产业发展状况，选择了不同的人工智能治理模式。

第一，日本的人工智能治理模式。2015 年，日本政府修订《日本再兴战略——Japan is Back》，针对物联网（IoT）、大数据（Big Data）与人工智能（AI）技术提出了战略计划；在《日本再兴战略 2016——第四次产业革命》中明确提出 AI 技术成为实现"工业 4.0"和推动GDP 从 500 万亿日元增加至 600 万亿日元必不可少的技术；2021 年日本出台《数字社会形成基本法》；2022 年 4 月日本颁布《人工智能战略 2022》计划，并从 2023 年开始着手制定《生成式人工智能国家战略》，进一步推动生成式人工智能的应用。目前，日本内阁府已经正式成立"AI 战略会议"，针对不断快速普及的 AIGC 技术，统筹日本各部门，共同讨论与人工智能相关的国家战略。该会议成员包括内阁府科学技术创新推进事务局、数字化厅、总务省、外务省、文部科学省、经济产业省、内阁府知识产权战略推进事务局、个人信息保护委员会事务局等众多部门，要求 AI 开发者、提供者、利用者等自行评估风险，发挥自身治理能力，建议日本政府根据需要组织相关人员讨论实施 AI 风险应对方案，并针对现有的法律制度、体制无法应对的问题积极参考国外最新立法。总体来看，相对于欧洲的强监管，日本更倾向于采取类似美国的措施，通过政府指引等"软法"治理的方式引导 AI 技术沿着"以人为中心"的路径发展。

第二，新加坡的人工智能治理模式。新加坡是亚洲较早开展人工智能治理的国家，在选择较为灵活的人工智能治理模式的同时，强调自身在监管工具方面的技术创新优势。2017 年 5 月，新加坡发布《新加坡人工智能计划》，提出加强人工智能投资、应对人工智能社会和经济挑战、推广人工智能技术三大目标。2019 年，新加坡发布了《人工智能模型治理框架（草案）》，提出可解释、透明、公平、以人为本等治理原则。2022 年 5 月，新加坡发布了全球首个人工智能治理评估框架和工具包——AI Verify，尝试通过技术手段向全球提供人工智能系统的验证和监管服务。2024 年 1 月，新加坡 AI Verify 基金会（AIVF）和新加坡信息通信媒体发展局（IMDA）共同制定了《生成式人工智能治理的模型人工智能治理框架草案》（*Proposed Model AI Governance Framework for Generative AI*），对原有治理框架进行了补充完善。总体来看，新加坡作为经济发达、技术创新水平较高的小国，抓住人工智能监管工具创新的宝贵机遇，试图在人工智能国际治理标准中发挥更大作用。

第三，英国的人工智能治理模式。不同于欧洲大陆，英国作为人工智能领域创新创业较为活跃的国家，选择了与美国类似的人工智能治理模式。2017 年英国政府发布《英国人工智能发展报告》，强调从数据获取、人才培养、研究转化、行业发展四个方面加强英国人工智能发展。2018 年，英国议会发布《人工智能产业发展战略》，提出了加强人工智能研究与应用，打造全球人工智能创新高地的发展目标。2021 年 9 月，英国发布《国家人工智能战略》，公布了英国成为全球人工智能超级大国的十年规划，提出英国政府将大力支持人工智能在英国各行业、地区的应用和创新。2023 年 3 月，英国政府发布《支持创新的人工智能监管方式》，在提出人工智能安全、透明、公平、管理、竞争五项治理原则的同时，呼吁寻求建立社会共识，加深公众对尖端技术的信任。总体而言，英国选择了与美国类似的基于场景的人工智能"弱监管"模式，对人工智能技术创新的支持力度甚至超过美国。

（四）对中国人工智能治理的经验启发

面对人工智能技术的跃迁式发展，美国、欧洲、新加坡等国家和地区选择了不同的人工智能治理道路，双方在治理模式等方面的差异对全球人工智能的技术发展和风险管控产生了深远影响，为世界各国的人工智能治理实践提供了更多选择。对于中国来说，当前不同国家人工智能治理模式的差异可以提供以下三方面的启示。

第一，人工智能治理不是单纯的技术问题，中国需要结合自身国情，加快构建"以我为主"的人工智能治理体系。无论是美国根据自身在人工智能领域的科技创新优势，选择基于应用场景、更加重视发展的"弱监管"模式，还是欧洲延续自身数字主权战略，选择基于风险划分、更加重视安全的"强监管"模式，两者的人工智能治理路径始终服务于国家和地区利益。事实上，中国早在 2018 年就已经提出，人工智能是引领本轮科技革命和产业变革的战略性技术，加快发展新一代人工智能是赢得全球科技竞争主动权的重要战略抓手，是推动中国科技跨越发展、产业优化升级、生产力整体跃升的重要战略资源[①]。对此，中国可以根据自身人工智能领域"领先的追赶者"定位，综合考虑自身数据基础和应用场景等方面的优势、基础算法和硬件设备等方面的不足，在美、欧两种治理体系之外，积极探索立足中国人工智能产业治理需要、兼顾发展和安全需求的中国式人工智能治理模式。

第二，美国及其盟友尚未就人工智能治理达成共识，中国可以围绕人工智能问题与美、欧双方展开积极对话。在美国对华展开"战略竞争"、重点在科技领域联合盟友进行"小院高墙"对华围堵的背景下，人工智能是中国可以与美国及其盟友进行对话的重要议题。其一，加强中美人工智能对话。人工智能作为人类发展的新领域，是中美之间存在共同利益和对话空间的重要领域。中美作为全球人工智能发展最迅速的国家，在算力、算法、数据三大人工智能核心要素上互有长短，双方在人工智能技术研发和治理领域的互补性甚至超过欧洲、日本等美国传统盟友。中国可以加快落实两国领导人2023年旧金山会晤中达成的建立中美人工智能政府间对话机制的共识，通过对话管控分歧、推动新兴领域的中美合作。其二，加强中欧人工智能对话。由于欧洲和美国在人工智能安全问题上的立场和关切有所不同，中国还可以根据自身发展需要，与欧洲围绕风险等级测试评估体系、伦理规范准则、法律和规章制度等人工智能风险治理议题展开对话，共同推动形成各国广泛参与、协商一致的人工智能国际治理框架。

第三，有关全球人工智能监管标准与规则主导权的竞争日趋激烈，中国可以通过开展面向发展中国家的国际合作与援助，增强发展中国

---

① 习近平.加强领导做好规划明确任务夯实基础 推动我国新一代人工智能健康发展［N］.人民日报，2018–11–01（01）.

家在人工智能全球治理中的代表性和发言权。美国和欧洲在人工智能治理问题上的分歧不但加剧了人工智能国际治理方案碎片化和行动力缺失的现实困局，双方在技术创新和风险治理方面的快速布局也进一步扩大了发展中国家与发达国家之间的"智能鸿沟"和"治理能力差距"。中国作为发展中国家的代表，应该践行《全球人工智能治理倡议》，鼓励全球共同推动人工智能健康发展，共享人工智能知识成果，开源人工智能技术，积极推动发展中国家之间的人工智能合作，确保各国人工智能发展与治理的权利平等、机会平等、规则平等，最终构建更加开放、公正、有效的人工智能国际治理机制。

二、前沿人工智能国际治理体系的构建

如上所述，各国对于前沿人工智能有着各自不同的治理模式，这给构建人工智能国际治理体系带来了深远影响。一方面，不同治理模式的碰撞有助于国际社会找到最佳指标模式和技术安全标准；但另一方面，这些分歧不利于国际共识的形成，增加了协调难度。当前，人工智能国际治理体系构建同时面临着有利和不利条件。

（一）形成基础：前沿人工智能潜在风险的国际性共识

人工智能技术的全球扩散和快速普及，一方面有助于赋能新业态涌现，为全球发展提供助力手段；另一方面也加大了隐私保护、公平公正、偏见歧视等传统治理难题的治理难度，引发了虚假信息传播、"数智鸿沟"加剧、人机问责不清等新型治理风险。事实上，世界各国对于人工智能风险一直保持着高度关注，最具代表性的是对伦理问题形成了国际共识。2021 年，联合国教科文组织（UNESCO）在第 41 届大会上通过了首份关于人工智能伦理的全球协议《人工智能伦理问题

建议书》，其中定义了关于人工智能技术和应用的共同价值观与原则，用以指导建立必需的法律框架，确保人工智能的良性发展，促进该项技术为人类、社会、环境及生态系统服务，并预防潜在风险。

但上述对于伦理风险的国际性共识主要停留在概念和框架层面，前沿人工智能对国际性共识提出了更高的要求和标准：一是需要对风险范围和特点有更加精准的描述，二是需要各国在预防风险的具体措施上形成共识。2023 年，以 ChatGPT 为代表的通用人工智能火爆全球，拉开了前沿人工智能时代的序幕，证明了人工智能大模型产业化的可行性。以大语言模型（LLM）为代表的通用人工智能可以结合具体场景（如翻译、新闻报道、文案文章写作等）自动生成高质量产品，这意味着，没有计算机专业知识的人也可以在工作和生活中使用人工智能。一方面，人工智能助力智力密集型服务数智化转型，让传统智力密集型服务的规模化、市场化、个性化乃至边际成本趋于零成为可能；另一方面，在更多场景的落地应用将会带来更多实际问题和挑战。因此，在前沿人工智能时代，对于人工智能安全风险的国际共识需要从模糊笼统的宣传 / 倡议（propaganda）走向更加具体的治理措施 / 实践（practice）。

从 2023 年兴起的新一轮前沿人工智能国际治理正是源自 ChatGPT 的海外应用。对于是否允许 ChatGPT 在本国使用、如果允许又该如何对其进行管理等问题的热议成功引起了国际社会对前沿人工智能安全风险的重视。尤其是 2023 年上半年的三个重大事件，使得前沿人工智能国际治理引起国际社会高度关注。

第一，在学术界，2023 年 3 月 29 日，在未来生命研究所（Future of Life Institute）官网上，包括图灵奖得主约书亚·本吉奥（Yoshua Bengio）、特斯拉公司首席执行官埃隆·马斯克（Elon Musk）、苹果公司联合创始人史蒂夫·沃兹尼亚克（Steve Wozniak）、DeepMind 高级研究科学家扎卡里·肯顿（Zachary Kenton）等在内的数千名 AI 领域企业家、学者、高管发出了一封题为《暂停大型人工智能研究》的公开信，呼吁所有 AI 实验室立刻暂停训练比 GPT-4 更加强大的 AI 系统，为期至少 6 个月，并建议各大企业、机构共同开发一份适用于 AI 研发的安全协议，信中还提到各国政府应当在必要的时候介入其中。

第二，在产业界，在 2024 年 3 月 31 日意大利个人数据保护局禁止使用 ChatGPT 以及越来越多的欧洲国家准备采取更严格措施对其进行管理后，OpenAI 首席执行官山姆·奥尔特曼（Sam Altman）于 5 月底展开为期一周的欧洲之行，与西班牙首相佩德罗·桑切斯、波兰总理马泰乌什·莫拉维茨基、法国总统埃马纽埃尔·马克龙、英国首相里希·苏纳克等政要和 DeepMind 的德米斯·哈萨比斯等专家展开交流。此举推动了欧美对于前沿人工智能技术现状、标准和治理措施层面的交流与共识，同时也引起了国际更加广泛的关注。

第三，在国际治理层面，联合国秘书长古特雷斯 2024 年 6 月宣布将成立人工智能专门监管机构，意味着这个全球性议题已经上升到了全球治理层面。

总而言之，前沿人工智能国际治理体系已经有了初步的形成基础，即国际社会均认同前沿人工智能对于全人类的巨大潜在风险，如何防范技术失控和技术滥用成为最核心的国际议题。

（1）失控风险主要指的是在开发、设计、部署和应用过程中，由于技术缺陷导致人工智能失控所造成的风险。特别是在前沿人工智能领域，在人类无法完全理解并时刻掌控人工智能大模型等技术之前，如果将其应用于各种具体场景，特别是与物理世界连接，由此产生的风险可能是难以预期、无法溯源的，并且可能带来系统性、灾难性的后果，如当前快速发展的自动驾驶、机器人、具身智能等，在与大模型能力结合带来性能提升的同时，也普遍面临失控风险。由于风险失控可能发生在四个步骤中的任何一个环节，因此需要来自各国的研发人员、企业和政府官员共同合作，制定全方位的防范措施和机制。习近平主席在第三届"一带一路"国际合作高峰论坛开幕式主旨演讲中提出的《全球人工智能治理倡议》已有相关的中国主张："推动建立风险等级测试评估体系，实施敏捷治理，分类分级管理，快速有效响应。研发主体不断提高人工智能可解释性和可预测性，提升数据真实性和准确性，确保人工智能始终处于人类控制之下，打造可审核、可监督、可追溯、可信赖的人工智能技术。"①②

（2）技术滥用领域，除一些人为操作不当和管理疏忽所导致的滥用外，主要在于防止军事领域的人工智能滥用，以及防止恐怖分子、极端组织对于人工智能技术的滥用，这些都需要国际各方尤其是各国政府达成共识与合作。

人工智能正成为当今世界最具颠覆性的技术力量，放任相关技术无限制发展的重大风险已引起国际社会普遍担忧，没有一个国家能够独善其身、免于这些风险，这也成为推动形成国际共识的最大动力。

（二）面临挑战：前沿人工智能发展与治理的国际分歧

尽管前沿人工智能已经有了形成国际治理体系的动力，但同时也面临着极大的挑战。造成国际分歧的主要原因有两个方面。第一，由于技术水平、产业结构、人才储备、管理制度等方面的不同，不同国家在前沿人工智能应用和管理重点方面均存在差异，甚至有些国家的

---

① 新华社. 习近平在第三届"一带一路"国际合作高峰论坛开幕式上的主旨演讲（全文）［EB/OL］.（2023–10–18）［2024–06–23］.https://www.gov.cn/yaowen/liebiao/202310/content_6909882.htm.

② 外交部. 全球人工智能治理倡议［EB/OL］.（2023–10–20）［2024–06–23］.https://www.mfa.gov.cn/web/ziliao_674904/1179_674909/202310/t20231020_11164831.shtml.

措施和重点完全是相互冲突的。第二，人工智能作为新兴技术，既可能带来巨大潜在危害，也可能使一个国家在技术革命中成为绝对赢家。尤其是人工智能大模型等前沿人工智能在实际应用中展现惊人潜力后，许多国家在防范技术风险的同时，也将更多关注点放在制造能被国际认可且有利于本国人工智能产业发展的政策洼地，由此导致国际分歧不仅没有弥合，反而愈发扩大。

在此背景下，中国和以美国为首的西方国家之间的分歧引发关注。

（1）在国际治理理念上，中国始终主张各国应秉持共同、综合、合作、可持续的安全观，遵循"以人为本"理念和"智能向善"宗旨，坚持广泛参与、协商一致、循序渐进原则，以发展和安全并重为目标，通过对话与合作凝聚共识，构建开放、公正、有效的治理机制，促进人工智能技术造福于人类，推动构建人类命运共同体。而以美国为首的西方国家都在致力于将西方民主、人权等价值观嵌入前沿人工智能国际治理的核心价值观里，这无疑阻碍了国际共识的形成。

（2）在国际治理标准方面，中国、美国、欧洲亦存在极大差距。美国倾向于治理标准主要由产业界来制定，欧盟则主张由产业协会、标准化组织等专门机构来制定，而中国对于国际技术标准又有着与前两者不同的需求，强调应该从更加全面的角度制定标准，特别是兼顾发展中国家的权益。

（3）中国和美国两个最大的人工智能大国之间的对话与合作依然不够。以全球气候变化谈判为例，中国和美国是国际治理中最重要的两个参与者，缺一不可。目前美国的顾虑主要在于双方在人工智能技术领域包括人工智能军事化方面极度缺乏互信，以及当前美国在人工智能基础大模型开发应用方面明显处于领先地位，会出于本国利益考虑而刻意回避一些国际责任与义务。不过中美并未放弃对话与沟通，

2023 年 7 月基辛格博士访华时，中美双方就人工智能安全问题和各个方面进行了沟通，11 月举行的中美元首旧金山会晤达成了重要共识，更是成为中美人工智能对话的最大助力，从而改变了之前中美两国在人工智能全球治理问题上缺乏系统性、有组织、全面深入对话的状况。

总体而言，人工智能全球治理呈现出以下三方面的挑战 ①。

第一，全球人工智能治理道路的碎片化。反全球化与泛安全化成为国际社会的主要趋势，全球治理正面临区域化困境。西方国家普遍以"意识形态与价值观"为基础，打造"高围墙"、建立"小圈子"，将人工智能治理道路引向分散化与碎片化方向。发展中国家力量相对分散，整体缺乏积极性与协同性。作为非西方国家和发展中国家的代表，中国是为数不多的在人工智能国际规则领域积极发声的国家。中国不仅积极参与联合国在人工智能国际规则领域的工作，还在二十国集团（G20）、金砖国家和上海合作组织等国际组织中积极推动和加强人工智能国际规则方面的合作。

第二，全球人工智能治理的标准缺乏共识。在过去几年里，全球多个经济体和国际组织积极探索人工智能监管之路，加强人工智能的安全监管。然而，各国对风险与安全的界定标准差异显著。例如，2024 年 5 月，欧盟理事会正式批准《人工智能法案》，该法案对人工智能应用进行风险级别的分类，分为"不可接受"风险、高风险、中风险和低风险。美国则要求公司在开发对国家安全、经济安全、公共卫生安全构成严重风险的模型时，必须向政府提交网络安全"红队测试"，以确保人工智能系统的安全可靠；中国主张采取"分类分级"监管模式，实施包容审慎和分类分级的监管措施。对于具有舆论属性或

① 陈琪，聂正楠.中国参与全球人工智能治理的挑战、理念与路径——《全球人工智能治理倡议》解读［J］.中国网信，2024（3）：108–111.

者社会动员能力的生成式人工智能服务，要求按照国家有关规定开展安全评估，并履行算法备案和变更、注销备案手续，相关服务者在申报评估和备案时，需要提供安全管理机构设置情况、数据安全保护的管理和技术措施、数据安全监测及应急处置机制等安全相关文档。

第三，人工智能治理面临创新与监管的平衡困境。人工智能的发展尤其是生成式人工智能的高速进步，在吸引国际资本市场青睐的同时，其可能引发的安全风险和社会问题也备受国际社会关注。国际社会关于智能化社会的想象，要求各国政府一方面需避免人工智能发展对社会造成伤害，另一方面需激励本国科学研究和私营部门的创新，以促进人工智能增加社会福祉，并保证本国人工智能领域的国际竞争力。欧盟侧重"风险管控"政策，从2018年5月生效的《通用数据保护条例》（GDPR）到2020年发布的《人工智能白皮书》，再到2024年5月欧盟理事会正式批准的《人工智能法案》，欧盟长期走在人工智能法律监管的前列。美国也采取"监管优先"政策，《人工智能行政令》提出了八项指导原则，包括安全地使用人工智能、促进创新和竞争、支持美国工人、促进社会公平、保护人工智能产品的消费者权益等方面。整体而言，《人工智能行政令》对人工智能领域监管力度较大、覆盖面广，出台多项对企业有实际约束力的举措，体现出美国对人工智能监管与治理的高度重视。

（三）建立国际治理体系的切入点：搭建开放、包容的国际平台

综上所述，对于前沿人工智能国际治理体系的构建，在宏观层面是有利的，因为人工智能技术潜在的巨大风险成了推动形成国际共识的最大动力，这种风险越是有害，就越是能推动国际层面的共识与合作。但在微观层面，各国出于对国情和国家利益的考虑，采取了不同的人工智能发展路径、应用规划和治理措施，这些都导致了国际分歧

难以在短时间内完全消除。因此，从中观角度出发，致力于搭建开放包容的国际平台是当前最务实且有助于协调上述矛盾的最佳切入点。基于这个角度，需要进一步了解并借鉴已有全球科技治理体系与平台搭建的经验，以及充分了解当前人工智能国际交流平台，从而获得更多启发。

1. 已有全球科技治理体系与平台搭建的经验

目前比较成功的平台主要有以下三种类型。

第一，科学家发起的定期国际对话和论坛。最具代表性的是帕格沃什科学和世界事务会议（Pugwash Conferences on Science and World Affairs），由伯特兰·阿瑟·威廉·罗素发起，1955 年爱因斯坦率先响应形成《罗素－爱因斯坦宣言》，从而吸引更多科学家参与并推动国际论坛的召开。会议主要议题是防止核扩散和推动裁军，尤其在 20 世纪 70 年代苏联给予其科学家极大自由去参与帕格沃什科学和世界事务会议后，该机制对调停美苏关系起到关键作用。其主要特点是：最大程度保持专业和中立。各国科学家突破国家利益的狭隘视角，从科技和人类关系的大前提出发，寻求在专业问题上的国际共识，以此为各国政府制定政策和谈判提供专业、客观、理性的依据。以帕格沃什科学和世界事务会议为例，专业性和独立性使其成为冷战期间东西方沟通的唯一有效渠道，避免冷战向世界大战的升级。此外，参会科学家对于会议内容和过程能够默契做到三缄其口，以减少政治家对于讨论议题的敏感性与抵触性。

第二，行业内非营利企业或组织发起的国际行业自治。最具代表性的是 1998 年在美国加州成立的互联网名称与数字地址分配机构（ICANN），其性质为民间性非营利企业。其成员负责运营互联网域名系统、协调互联网唯一标识符（如互联网协议地址）的分配和指定、认证通用顶级域名（gTLD）注册商以及汇集全球志愿者的观点，共同致力于维护互联网的安全性、稳定性和可操作性。其主要特点是：（1）

核心目的是为推动整个行业的有序发展，背后是整个产业链上下游的所有利益相关者支持，尤其强调非国家主体和国家在域名分配等方面享有同等权利，至少有发表诉求的权利。其定位是整个行业的秩序维护者。（2）该模式的专业性和规制执行能够最大程度得到保障，但其独立性无法得到保证，容易受到机构所在地政府的管制。如 ICANN 成立不久，以美国商务部为首的政府组织从 2000 年开始就尝试对 ICANN 进行各种干预，甚至美国政府还能凭借其对国际规则的了解而对 ICANN 享有隐形控制权。而 ICANN 的应对方法十分有限，只能通过各非政府组织、跨国公司、科学工作者等在国际上对 ICANN 独立性进行声援，从而对美国政府施压。当然，其他国家出于自身国家利益也会或明或暗地支持 ICANN 的独立性，但不会对美进行过于强硬的施压。

第三，政府间机构发起的国际治理平台。最具代表性的是 1988 年由联合国环境规划署（UNEP）和世界气象组织（WMO）成立的政府间气候变化专门委员会（Intergovernmental Panel on Climate Change，IPCC）。IPCC 旨在评估与解释人类气候变化风险相关的科学、技术和社会经济信息，为气候变化相关问题的国际政策和谈判提供信息，为全球各级政策制定者提供可用于制定气候政策、了解气候变化及其影响和关于气候变化的潜在战略的科学信息。其特点是：（1）虽然 IPCC 是联合国环境规划署和世界气象组织提名建立的，但其实质是一个跨政府组织和科学机构的混合体，这使其成为一个并不受联合国环境规划署和世界气象组织管控的专门机构。（2）IPCC 的最大特点在于其通过专家委员会提高会议中立性和促进国际共识。第一，IPCC 不从事具有争议性的创新性科研项目，只是负责基于现状的客观分析和撰写报告；第二，IPCC 全体会议只讨论由专家委员会提交的专业性评估和报告，从而在最大程度上避免涉及国家利益和意识形态方面的话题，尽量保障会议讨论的中立、客观、理性；第三，为了获得最大公约数的国际认同，IPCC 报告致力于包容各方面的观点和主张。

2. 当前人工智能国际交流平台

第一，已有国际组织的参与。近年来，许多有影响力的国际机构也开始关注甚至将人工智能国际治理作为其当前的主要工作。（1）国际电信联盟（ITU）专门设立一年一度的人工智能峰会，即人工智能惠及人类（AI for Good，简称"AI4G"），自 2017 以来已连续举办七届。它是联合国系统下全球首个讨论人工智能议题的平台，目前已经成为最重要的人工智能国际交流平台之一。会议旨在围绕联合国可持续发展目标，探讨人工智能在消除贫穷、粮食安全、健康福祉、教育普及、环境卫生、可持续能源、经济增长、基础设施、减少不平等、可持续城市和社区、消费生产、海洋资源、陆地生态系统、和平包容社会、全球伙伴关系等方面发挥的作用。（2）2023 年 6 月 8 日，二十国集团（G20）在日本筑波市举行的部长级会议上表决通过一份"关于贸易和数字经济的 G20 部长声明"，该声明指出创新性的数字经济发展带来了巨大的经济机会，但与此同时，挑战也不断浮现。各国部长在考虑国家需求、优先事项和具体情况的基础上，讨论了如何充分利用数字技术、贸易和投资以及借助技术转型和全球化来推动实现可持续、创新型的全球社会，并提出了"G20 人工智能原则"，该原则包含两个部分，分别是"可信人工智能的负责任管理原则"和"实现可信人工智能的国家政策和国际合作的建议"。（3）2020 年，在经济合作与发展组织和世界经济论坛小组会议上，加拿大、丹麦、意大利、日本、新加坡、阿联酋和英国签署了世界上首个"敏捷国家"（Agile Nations）协议，旨在释放各国新兴技术的潜力。2022 年 11 月，"敏捷国家"工作组成员英国、加拿大及新加坡就共同推动与支持互联网产品的网络安全达成一致意见，并强调国际标准可以促进强有力的安全实践，可以减少网络风险，以及减少对贸易和工业的不必要的障碍。（4）2022年，新加坡与澳大利亚、智利、韩国和新西兰等亚太经济合作组织（APEC）成员达成数字经济协议，并呼吁APEC制定数字规则、促进跨境数字流通，为数字经济发展指引方向。

第二，新建立的中国交流平台。（1）世界人工智能大会（WAIC）。经国务院批准，世界人工智能大会由国家发展和改革委员会、工业和信息化部、科学技术部、国家互联网信息办公室、中国科学院、中国工程院、中国科学技术协会和上海市人民政府共同主办。大会自2018年创办以来已成功举办六届，始终坚持高端化、国际化、专业化、市场化、智能化的办会理念，逐步成长为全球人工智能领域最具影响力的行业盛会，是由国家有关部门和上海市共同打造的国际高端合作交流平台。（2）人工智能合作与治理国际论坛。该论坛由清华大学主办，清华大学人工智能国际治理研究院（I-AIIG）承办，众多国际组织、知名大学与智库共同协办，2020年至今已举办四届，论坛广泛汇集全球知名学者、智库专家、政界人士、企业代表，共同探讨人工智能发展机遇与挑战，分享人工智能治理观点与见解，交流人工智能治理经验与智慧，提出人工智能治理议题与解决方案，促进人工智能健康发展与全人类共同进步。（3）北京智源大会。该会议于2019年开始由北京智源人工智能研究院召开，已连续成功举办五届。大会紧密围绕人工智能发展前沿与热点问题发表演讲、展开对话，每年有200位顶尖专家出席，来自30多个国家和地区的观众参会。

第三，新建立的海外交流平台或组织。（1）人工智能安全峰会。第一届峰会于2023年11月在英国举办，中国、美国、日本、德国、印度等20多个国家的政府代表，以及联合国、经合组织、国际电信联盟等多个国际组织的代表参会。另有超过 80 个学术机构、企业和协会组织代表参会。最终会议通过《布莱奇利宣言》，旨在促进全球在人工智能安全方面的合作。（2）人工智能全球合作组织（Global Partnership on AI，GPAI），由法国和加拿大于 2020 年 6 月牵头成立，截至 2023 年 12 月已有 29 个成员国。该组织在经合组织（OECD）巴黎总部设立秘书处，在蒙特利尔和巴黎设有两个专业中心，并设有专家组，围绕负责任地使用人工智能、数据治理、工作前景、创新与商业化四个主题开展工作。（3）《利雅得人工智能行动宣言》，于 2022 年 9 月在第二届全球人工智能峰会上正式发布，该宣言概述了由巴林、约旦、科威特、巴基斯坦和沙特阿拉伯五个国家联合创建的数字合作组织（Digital Cooperation Organization，DCO）运用人工智能技术来造福人类、社区、国家和全世界的长期愿景。

尽管当前已有多个平台在建设，但目前来看，依然面临一些问题。首先，缺乏统一的国际性平台，尤其是中国和美国两个最主要的人工智能大国都没有构建起以自己为中心的平台；其次，当前人工智能国际治理对话与合作，主要还是以各个国家之间的双边交流互访为主，西方国家在这方面表现尤为活跃；再次，众多国际组织 / 机构之间存在矛盾，彼此间很难进行协调和沟通，甚至为在前沿人工智能国际治理中的主导权而展开相互竞争，导致国际平台呈现分散、低效等特征；最后，发达国家和发展中国家的"智能鸿沟"导致在当前国际平台中很少有能够较好地代表发展中国家、技术落后国家利益的组织与平台。

（四）中国参与前沿人工智能国际治理体系建设

1. 中国的立场与主张

面对前沿人工智能成为全球共同关注的重大挑战和治理议题，中国应秉承包容性、负责任态度，基于技术自立自强与治理创新实践，积极推动乃至引领人工智能全球治理体系、机制建设与规则制定，尽可能争取得到其他国家特别是发展中国家的支持，为推动人工智能健康发展与治理、增进全人类福祉贡献中国智慧与中国方案。

中国作为人工智能发展与利用的重要力量，在参与全球人工智能治理体系构建、推动人工智能国际治理合作上，始终主张各国应秉持共同、综合、合作、可持续的安全观，坚持发展和安全并重的原则，通过对话与合作凝聚共识，构建开放、公正、有效的治理机制，促进人工智能技术造福于人类，推动构建人类命运共同体。

2023 年 10 月 18 日，习近平主席在第三届"一带一路"国际合作高峰论坛上提出《全球人工智能治理倡议》，这是中方积极践行人类命运共同体理念，落实全球发展倡议、全球安全倡议、全球文明倡议的具体行动。中方坚持"以人为本"理念和"智能向善"宗旨，坚持广泛参与、协商一致、循序渐进原则，积极支持以人工智能助力可持续发展和应对气候变化、生物多样性保护等全球性挑战，致力于弥合各国间"智能鸿沟"，推动各国人工智能技术平衡发展和成果共享。这些理念和主张彰显了中国负责任的大国担当。

此外，中国还有两个更具体的诉求。（1）前沿人工智能国际治理应该去意识形态化。不断强调意识形态化只会加剧国际分裂，不利于国际合作。以美国为首的国家认为只有所谓西方民主国家才有资格使用人工智能，而中国等国家使用人工智能就一定会用以服务所谓的独裁和发展军事武器。这种荒谬的意识形态必须在国际治理中去除，这也是中国参与全球治理的底线。（2）必须提高发展中国家的话语权。《全球人工智能治理倡议》提道：增强发展中国家在人工智能全球治理中的代表性和发言权，确保各国人工智能发展与治理的权利平等、机会平等、规则平等，开展面向发展中国家的国际合作与援助，不断弥合

"智能鸿沟"和治理能力差距。

2. 对于联合国平台的支持

《全球人工智能治理倡议》中明确提到：积极支持在联合国框架下讨论成立国际人工智能治理机构，协调国际人工智能发展、安全与治理重大问题。对于中国而言，中国可以通过联合国，以未来全球类峰会为关键契机，宣介中国治理理念，提高国际影响力。尽管中国已有独特的治理理念和实践经验，但目前西方对中国的国际参与、与中国的科技合作依然十分谨慎，更有甚者还持续不断对中国科技发展进行故意抹黑。相对而言，联合国是当前最温和、影响范围最广的平台。联合国在前沿人工智能国际治理方面同样面临着挑战和机遇，如果离开中国的支持，联合国既无法战胜挑战，也无法把握机遇。

挑战方面，自 2023 年以来，全球各大经济体对人工智能的监管步伐显著加快，相关法规、指南和规范陆续推出或提上日程。部分国家甚至新建了专门的治理机构或委员会，形成了竞相争先的人工智能治理态势。这种竞争挑战了联合国在全球科技治理中的主导地位。而西方国家以 GPAI 为核心抱团垄断全球治理主导权，更是对联合国的最直接挑战。

机遇方面，当前人工智能全球治理的碎片化和分歧现象加剧，是联合国介入的重要机遇，因为只有联合国才能弥合这种碎片化和分歧。一是人工智能国际监管的碎片化加剧，根本原因在于主要大国带着极强的竞争导向意识参与国际治理，会基于本国利益而创造有利于本国的人工智能立法洼地或者政策洼地，以此给本国人工智能产业提供更加宽松的发展环境，但也由此导致各国在法律、政策上的割裂，更加难以形成统一的国际治理机制。二是监管方式分歧严重，最具代表性的欧盟、美国和中国的监管方式都不相同。欧盟由于产业落后，因此提出更加严格和强有力的人工智能法律和监管措施，期望成为全球人工智能标准的领导者；美国由于人工智能技术和产业高度发达，采取软性监管方式，主要以地方自治和行业自我规制为主；中国提出回应式治理的敏捷治理模式，采取软硬相结合的方式，既在技术的底层规则方面进行硬性约束，又在产业发展、伦理规范方面进行引导。

联合国的最大优势是其在全球科技创新治理中的长期实践和经验。联合国在全球科技创新治理中有两个核心特点：一是有着明确的、始终一贯的治理理念，即治理目的是在全球范围内和平安全地、可持续性地使用新兴技术；二是建立专门机构去落实上述治理理念，如国际民航组织和国际原子能机构的成功给了联合国很大信心。但人工智能专门机构的建立也面临两大挑战。第一，专门机构建立的阻力很大、影响力有限，特别是西方国家更希望建立有利于自己的全球治理体系；第二，联合国本身也不希望人工智能专门机构过于庞大，因为这可能打乱其建立全球数字技术治理体系的原有部署，如秘书长技术特使阿曼迪普·吉尔就反复强调，人工智能国际治理始终只是全球数字技术治理体系的一部分。

中国对于联合国来说不可或缺的原因则在于：第一，中国在已发布的《全球发展倡议》《全球安全倡议》《全球数据倡议》《全球人工智能倡议》等文件与联合国的《未来契约》《AI 伦理道德规范》《全球数字契约》等文件在理念和精神上高度一致。第二，中国最具特色的是在科技治理体系构建方面进行了积极的创新探索和实践，可以为联合国和世界各国提供不同于英美模式的参考借鉴，如中国在最前沿的生成式人工智能治理中所提出的通过政府、产业界、学术界和社会之间的协同与互动的全生命周期的安全治理体系。第三，联合国可以借助中国建立的众多包容性的国际交流平台，如世界人工智能大会、世界互联网大会乌镇峰会、中关村论坛等，进一步明确发展中国家和发达国家最能形成共识的领域。第四，中国作为第二大人工智能国家，有能力也有意愿配合联合国对技术落后国的能力建设提供支持，这符合中国保障发展中国家参与国际治理的表态。

此外，本书认为，对联合国人工智能专门机构的建设，可提出如下建议：（1）在现有高级别咨询机构的基础上，成立类似IPCC的专门委员会和工作组，定期召开会议，开展专门研究，发布相关报告，推动形成国际共识。（2）在全球推动建立若干能力建设中心，鼓励技术领先国帮助技术欠发达地区进行科技基础能力建设、安全预警能力建设和人才培养。（3）在全球推动建立若干安全测评中心，依托具有相关技术能力、资源的国家和机构，建立人工智能安全风险监测与评估认证中心，确保人工智能研发与应用安全可靠、可信可控。（4）在算力基础设施、公共数据集（如气候、环境、能源、卫生等领域）、开源代码库、应用与治理案例数据库建设方面，与相关成员国、行业组织、专业机构和技术社群合作推动、共建共享。（5）就人工智能风险等级分类、安全评测标准、数据治理、模型备案、能耗排放、技术转移等重要议题，搭建交流平台，促进成员国间开展对话，推动形成相关国际公约与标准规范。

参考文献

［1］The White House. Executive Order on the Safe，Secure，and Trustworthy Development and Use of Artificial Intelligence［EB/OL］.（2023-10-30）［2024-06-28］. https://www.whitehouse.gov/briefing-room/presidential-actions/2023/10/30/executive-order-on-the-safe-secure-and-trustworthy-development-and-use-of-artificial-intelligence/.

［2］The Luring Test: AI and the Engineering of Consumer Trust［EB/OL］.（2023-10-30）［2024-03-23］.https://www.ftc.gov/business-guidance/blog/2023/05/luring-test-ai-engineering-consumer-trust.

［3］AI Accountability Policy Request for Comment［EB/OL］.（2023-04-11）［2024-03-23］.
https://www.ntia.gov/issues/artificial-intelligence/stakeholder-engagement/request-for-comments.

［4］The Office of Critical and Emerging Technologies［EB/OL］.（2024-03-19）［2024-
03-23］.https://www.energy.gov/cet/office-critical-and-emerging-technologies.

［5］Department of Energy, Artificial Intelligence for Nuclear Deterrence Strategy 2023,
2023-03-03.

［6］Office of the Under Secretary of Defense Policy.Autonomy in Weapon Systems, 2023-
01-25.

［7］The White House. Guidance for Regulation of Artificial Intelligence Applications,
2020-01-08.

［8］Report with Recommendations to the Commission on Civil Law Rules on Robotics,
European Parliament, 2015-01-20.

［9］The Consequences of Artificial Intelligence on the（digital）Single Market,
Production, Consumption, Employment and Society, The European Economic and Social
Committee, 2017-05-31.

［10］吕蕴谋.欧盟人工智能治理的规范［J］.国际研究参考, 2021（12）: 13-17.

［11］Artificial Intelligence for Europe, European Commission, 2018-04-24.

［12］European Approach to Artificial Intelligence, European Commission, 2024-03-06.

［13］马国春.欧盟构建数字主权的新动向及其影响［J］.现代国际关系, 2022（6）:
51-60.

［14］Roberts, Huw, et al. Achieving a "Good AI Society": Comparing the Aims and
Progress of the EU and the US［J］.Science and engineering ethics 2021（27）: 1-25.

［15］Dixon R B L .A Principled Governance for Emerging AI Regimes: Lessons from China,
the European Union, and the United States［J］.AI and Ethics, 2022, 3（3）: 793-810.DOI:
10.1007/s43681-022-00205-0.

［16］习近平：加强领导做好规划明确任务夯实基础 推动我国新一代人工智能健康发
展［N］.人民日报, 2018-11-01（01）.

［17］陈琪, 聂正楠.中国参与全球人工智能治理的挑战、理念与路径——《全球人
工智能治理倡议》解读［J］.中国网信, 2024（3）: 108-111.

第 五 章
前沿人工智能的治理体系构建

一、概念与逻辑——如何认知人工智能治理 [①]

治理是各种公共的或私人的机构和个人管理其共同事务的诸多方式的总和。治理过程是使相互冲突的或不同的利益得以调和，并且采取联合行动的持续过程。保障该过程得以顺利执行的关键在于制度建构，既包括需要人们服从的正式制度和规则，也包括各种人们同意或以为符合其利益的非正式的制度安排。人工智能治理需综合价值导向、功能定位、治理原则、对象安排、关系结构、工具选择等多个方面。

（一）人工智能治理的定义

人工智能治理这个概念还处于发展之中，而人工智能定义的不确定使得人工智能治理的定义和内涵分析也面临更多的挑战。第一，人工智能本身存在着诸多流派，如符号主义、联结主义和行为主义；且流派之间的定义在特定的技术发展阶段，因技术实现条件而存在诸多冲突之处。人工智能的内涵界定同样非常模糊，同时，作为通用目的技术，人工智能与多个学科领域存在交叉现象，也导致人工智能的概念边界存在诸多模糊之处。第二，人工智能内部运行的算法逻辑难以厘清，其可能造成的经济社会影响很难判断，对人工智能治理的对象存在"无的放矢"和"自说自话"的现象。第三，人工智能治理因为人工智能技术而不可避免地涉及多元治理主体，但是，不同领域的相关利益主体对人工智能治理的内涵存在不同的认知和理解。从微观的技术视角来看，相关利益主体主要包括各种类型的人工智能技术设计

---

① 本章以笔者已发表的系列论文为基础进行了增删调整。具体请参见：梁正，张辉.构建平衡包容的人工智能治理体系［J］.中国发展观察，2022（12）：44-50；庞祯敬，薛澜，梁正.人工智能治理：认知逻辑与范式超越［J］.科学学与科学技术管理，2022，43（9）：3-18；姜李丹，薛澜.我国新一代人工智能治理的时代挑战与范式变革［J］.公共管理学报，2022（2）：1-11+164.

者和产品设计者，人工智能治理被视为"运用技术实现的手段让人工智能透明化、可解释性更强或者合乎技术伦理的过程与安排"。从中观的组织视角来看，利益相关主体主要包括掌握人工智能和应用人工智能的各类组织，而人工智能治理一般被定义为：在运用一系列工具、方案和手段来降低人工智能安全风险的基础上，充分开发利用人工智能的技术潜力。从更加宏观的视角出发，利益相关主体主要包括国家、政府和人类社会整体，人工智能治理则被认为是为了确保人工智能的负责任创新和可持续发展而设计的标准、法律、规范、政策等一系列制度。

一般而言，人工智能治理包括两类。其一，各技术利益相关主体利用人工智能技术优化国家治理、社会治理或技术治理等治理体系的结构，并利用人工智能技术提高其治理的效率和效能，即"用人工智能进行治理（AI for Governance）"。其二，人工智能的相关利益主体在一定的制度环境中对人工智能的技术风险进行有效预测并制定相应的治理方案，对已经出现的消极影响加以控制，即"对人工智能进行治理（Governance of AI）"。然而，人工智能治理过程的阶段性还需要考虑技术利益相关主体的参与和退出。理论上，人工智能治理体系需要考虑治理的核心价值（如发展、安全与人类自主性）、多方治理主体的治理诉求和利益协调，以及相应的治理机制和制度保障。因此，笔者认为，**人工智能治理是指：政府、社会、市场等领域的利益相关主体通过正式或非正式的制度安排，共同推动人工智能体系的创新、科研、生产及应用，并利用人工智能提升人类福利；同时，识别、预防和应对人工智能技术创新和应用引致的政治经济社会风险与不良影响。**

（二）人工智能治理的多元层次与视角

当前人工智能治理的认知图谱包括技术逻辑、制度逻辑、文化逻辑、资本逻辑等多种视角，不同逻辑下人工智能治理在议题理解、价值导向、主体关系、路径依赖和工具选择等方面存在差异（见图 5–1）。

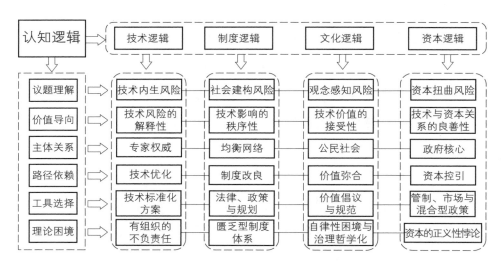

图 5–1 人工智能治理的认知图谱
资料来源：庞祯敬，薛澜，梁正. 人工智能治理：认知逻辑与范式超越［J］. 科学学与科学技术管理，2022（9）：7.

1. 技术逻辑下的人工智能治理

技术逻辑试图从"技术内生风险"角度理解人工智能治理的议题，即强调人工智能技术本身的偏差性和脆弱性是诱发治理问题的根源。人工智能是以算法为基础，以数据为支撑，具有感知、推理、学习、决策等思维活动并能够按照一定假设目标完成相应行为的计算机系统，因而算法本身的"黑箱"及数据偏失"喂养"下算法的"自我强化困境"和"扩散性"是一些治理问题的源头。技术逻辑蕴含着一种"技术决定论"的精神气质，并试图将人工智能治理简化为一个"技术问题"，即技术风险"概率"的科学预测、计算、评估和控制。技术逻辑具有"超验理性"的价值负载，其最终目标是通过循证的"技术路线图"优化实现人工智能技术的"可解释性"，以此刻画一个精密的、没有任何缺陷的人工智能技术世界。

在治理的主体关系阐释上，技术逻辑坚持"专家权威"的取向，强调让人工智能治理的话语体系回归专业场域，技术专家具有知识优势和风险识别能力，应成为人工智能风险定量运算、精确预测和有效控制的主导力量。技术逻辑强调人工智能技术风险评估的客观性，技术风险数据应取自研究开发、设计制造、部署应用的第一线场景，采用标准化方法和程序收集、整理、处理数据，并对结果进行对比而形成技术优化方案并将其标准化，其中一些非科学的社会性知识的考量应得到简化。

在工具选择上，技术逻辑试图通过"技术标准化方案"实现人工智能管理无失误、设备无漏洞、算法无缺陷、数据无偏失的"技术无害化"的目标。首先，通过制定技术标准划定技术安全的"基线"，来降低算法偏离预期的概率；其次，通过建构硬软件的安全测试程序和标准，实现防堵技术风险的"关口前移"，以降低算法训练过程中因"数据噪音"和"环境突变"所带来的技术风险；最后，通过建立技术防御和应急处置标准的"防火墙"，来减弱因运行故障和数据泄露引发的技术风险的跨域扩散。

与此同时，技术逻辑也面临着不可回避的理论困境。技术逻辑揭示了人工智能技术风险的内生性及其在整个治理链条中的优先地位，并以"技术标准化方案"作为治理的工具选择。但人工智能在研发攻关、产品应用和产业培育上的同步推进，创新链和产业链的深度融合，技术供给端和市场需求端的互动演进，一方面使得技术风险的定位和识别变得越来越困难，另一方面在此背景下技术标准化方案也容易导致由技术风险归属分散、交织、模糊所带来的责任补偿缺位，即"有组织的不负责任"（organized irresponsibility），并容易造成对人工智能风险的理解滑向浅尝辄止的"风险现象"，而忽视了技术风险背后深刻的社会、政治、文化等意义。

2. 制度逻辑下的人工智能治理

不同于技术逻辑强调技术风险的内生性，制度逻辑试图从"社会建构风险"的视角来理解人工智能治理的议题，强调人工智能风险不仅是与概率、实验、评估相关的科学问题，更是一种社会建构的并内化于社会制度体系中的社会问题。制度逻辑将人工智能风险定义为一种正在出现的社会结构功能的失灵或社会秩序系统的紊乱。制度逻辑将人工智能风险描述为现代性成熟的"副产品"，并试图在"制度失范—制度改良—制度规范"的周期规律中实现人工智能社会影响的秩序性。

制度逻辑对人工智能治理问题具有较强的社会理性和民主化治理的认知取向，并倾向于建立多主体协同的"均衡网络"结构，各主体在"充分信任"的基础上发展出包容性的制度框架。具体来说，政府、科学、市场、公众与社会间的关系结构为"等距"状态，不存在强弱、主次之别，各主体以"平等姿态"共同处理人工智能治理中的冲突性目标、风险不确定性等问题。其中重点在于，在人工智能治理相关制度决策中如何秉持"知识性""工具性""价值性"相结合的决策原则，同时将具有专业知识的技术专家、具有政策经验知识的政策专家和具有社会知识的公众纳入制度决策过程。

从治理工具看，制度逻辑试图以"规划、法律、政策"的形式将人工智能治理纳入整个国家治理体系，通过建构共识性"制度方案"以降低人工智能治理复杂性。其中，用"规划"引导人工智能创新的正确方向，用"法律"规范人工智能应用过程中的权利秩序，用"政策"调节人工智能发展中的利益格局。制度逻辑反对市场端接受现实的"实用主义"、技术端盲目的"技术乐观主义"及道德上的"技术怀疑主义",主张采取制度改良主义以实现人工智能的"善治"。但制度逻辑也面临不可回避的理论病理,当用一种制度结构替代另一种制度结构来应对当代失去结构意义的风险情境时,如何超越"匮乏型的制度体系"是永恒的理论断点。人工智能治理情境的高度动态性和复杂性要求人工智能治理必须建立在具有充分敏捷性、包容性和预见性的制度框架基础上,然而现实中基于"科层制"和"行为因果"的治理结构和方法难以达成如此"宽域"的制度目标,其结果只能是渐变式微进化与跃变式大进化交替的"间断均衡",其被动适应性远大于主动前瞻性。

3. 文化逻辑下的人工智能治理

文化逻辑试图从"观念感知风险"视角来理解人工智能的治理问题,强调人工智能治理涉及的"人机关系"维度超越了传统"人与自然、人与社会"关系的讨论范畴,不适合"成本—收益"的解释范式,其本质属于不同文化观念、价值体系的认知"分裂",因此,人工智能风险具有文化异质性和不可计算性。文化逻辑强调共享性的文化价值观念对人工智能风险的建构功能,认为文化是主体关于某种事物意义的"综合判断"和稳定的"倾向或态度"。从这个角度讲,人工智能风险在概念阐释上的竞争性实质是文化观念"框架前提"的差异,不同主体都试图通过建构符合自身文化"坐标"的人工智能风险定义来保护自己,而这些界定并不依赖于知识的多寡和制度差异,比如,不同国家对隐私的文化敏感性差异,是影响人工智能社会可接受度的重要因素。

文化逻辑重视弥合文化分裂、创造价值共识的积极意义,并十分警惕人工智能发展对人类良善价值的"僭越",主张通过互动与理解达成对人工智能伦理、道德、意义等的"最大公约数"认知，从而约束人工智能朝着符合"技术人道化"方向发展，以实现人工智能技术的可接受性。文化逻辑强调公民社会力量在人工智能治理中的积极"戏份"，并尽力避免科学优先、利益平衡等"理性主义"的标签，及任何具有"精英主义"色彩的治理路径。在治理工具上，一系列普遍性的价值倡议（如公平、公正、透明、安全、可持续发展等）和工具性的伦理道德规范与标准是文化逻辑下人工智能治理的天然选择，并积极发展具有"价值指导、道德审查、伦理仲裁"等功能色彩的配套制度安排与设计，比如国家新一代人工智能治理专业委员会等。

文化逻辑下的人工智能治理是长期的社会互动过程，需要充分的社会"理性"和"智慧"，这一过程极容易陷入"自律性困境和治理哲学化"的泥淖。一方面，科学场域内三螺旋式的权力结构，即经济利益的诱导、政治联盟的强势和制度化科学资本的施压，在价值倡议与伦理规范等不具强制性的"软约束"下，有可能挤压人工智能科学场域的自律性。另一方面，文化逻辑所内含的"去精英化"的人工智能治理路径，可能会因公民社会力量的"专业残缺"而缺乏实现治理理想的"抓手"，文化逻辑将充满偶然性的文化因素观察视为人工智能风险生成的必然性因素，这使人工智能风险披上了一层面纱，有可能导致人工智能治理走向神秘化、哲学化的"形而上学"讨论。

4. 资本逻辑下的人工智能治理

与建构主义思潮对现代性的批判、解构不同，资本逻辑试图从反思"福特主义"视角将现代性风险界定为现代生产方式的产物。因此，资本逻辑常以"资本扭曲风险"来理解人工智能治理问题，强调资本的扩张特性会裹挟人工智能的"技术中性"而使其沦为资本逐利和增值的工具。在这一过程中，人工智能的科学理性退化为单向度的"工具理性"，工具理性对价值理性的"拒斥"使得人工智能逐渐演化为一种"手段"和"目的"，人类社会的一切约定俗成的制度规制、伦理道德在资本的"抽象权力"面前失去应对功能。

资本逻辑试图通过重塑"技术与资本关系的良善性"将人工智能拉回"以人为本"的轨道。资本逻辑下的人工智能治理十分强调从"资本控引"入手，根除资本"以我为中心"的强制逻辑和同化倾向，防止人工智能异化为"数字资本主义"的底层技术，从而侵蚀技术创新带来的正义性价值。资本逻辑强调政府在整个治理主体的关系结构中居于核心地位，政府以公共利益为依据承担资本的权威价值界定与分配的职责。政府应规定、控制人工智能创新链和产业链中资本运行的内涵、原则、方式和范围，并不失时机地通过管制型、市场型、混合型的政策设计将某种资本的"尺度"理念传达给社会，形成一条完备的政策工具链条，其中，透明化、反垄断是重点。

资本逻辑摒弃了"技术乌托邦"和"制度改良主义"的美好梦想，主张根除资本的"非正义性"以实现人工智能的良好治理。但资本逻辑也面临固有的理论困境，如何平衡资本价值增值的"非正义性"与资本创新赋能的"正义性"是其理论痛点，即资本的"正义性"悖论。一方面，资本作为一种现代性的"抽象权力"，追求效用原则和价值增值是其本质属性，资本驱使下的人工智能创新有可能成为"数字正义"退场和"算法霸权"登场的"实验基地"，镶嵌着"非正义性"的资本力量利用人工智能对信息的垄断、对数据的控制、对算法的驾驭，则有可能成为催生"数字资本主义"的工具。但另一方面，如果从人类生产力进步和社会形态变迁的大历史观看，资本也必然包含着人类文明"促进派"的底色，资本不仅内含逐利性的"枪与火"，也蕴藏着文明助推器的"光和热"。人工智能作为引领未来科技革命和产业变革的颠覆性技术，资本的"正向激励"无疑是人工智能持续进步的推力，资本的增值预期为人工智能技术创新与场景赋能提供了所需的技术资本、商业资本和金融资本，并成为提升社会生产力、改造社会生产关系、促进人类进入更高级的"数字社会"形态的催化力量。因此，在人工智能治理中，如何在限制资本无限逐利对社会正义的侵蚀的同时，更好地释放资本的创新激励动能是一个难题，这需要成熟的经济理性和政治智慧的光芒。

二、敏捷与协同——如何构建人工智能治理体系

敏捷与协同是在对多元治理主体理性偏好与治理能力分析的基础上，将理性维度和主体维度加以整合，从而构建人工智能治理所需的全景式治理分析框架。因此，人工智能治理的综合性治理分析框架应当包括治理理念的引导、治理主体的专业化选择、治理模式的多维度建构等。综合性治理框架通过精准定位治理主体和理性维度，能够为"和谐友好、公平公正、包容共享、尊重隐私、安全可控、共担责任、开放协作、敏捷治理"等治理原则和理念提供足够的执行空间，从而有助于明确多元治理主体的分工与合作机制，确立人工智能治理的治理对象、治理方向和治理路径，为构建人工智能治理的协同治理体系提供分析框架。

（一）国家人工智能治理面临的困境

人工智能作为新兴科技的集大成者，本身就存在技术、社会、经济、政治等多方面的不确定性。世界各国面对人工智能的态度各异，但是治理措施存在着一定的一致性。一方面，世界各国都在积极发展

人工智能技术、制定人工智能产业规划，大力促进人工智能的技术创新、发展与应用；另一方面，世界各国又通过立法、议案、规范等制度性约束，限制他国的人工智能企业或产业发展。因此，国家人工智能治理面临来自国际和国内的多重挑战与治理困境。

在国际范围内，散落在世界各国或主要地区的治理原则与实践经验，还无法跟上人工智能发展的步伐，人工智能治理问题随着快速的技术创新与广泛的社会嵌入而日益突出。目前，国内外人工智能治理的研究处于刚刚起步的阶段，来自哲学、经济学、社会学、管理学、法学以及计算机、电子电气等学科的学者都从各自领域进行了一定的探讨，但各国对于什么是人工智能治理、什么是人工智能伦理、为什么进行人工智能治理以及如何治理等还没有形成深刻的成果与共识，制约了人工智能治理的发展。

而在国内，人工智能技术的复杂系统特征和技术不确定性特征，使得国内技术创新面临着"高端产业低端化"的实践倾向，产业促进政策和技术治理措施往往难以落地。国内人工智能治理的难题一方面来自国际竞争，另一方面在于地方政府竞争格局导致的产业竞争问题。前者关注人工智能技术体系的发展及其规制问题，重点在于国家整体的技术实力的提升；后者侧重于通过地方标准、规范或地方立法等制度性约束单方面促进人工智能的技术创新，而忽视了人工智能负外部性的规制议题。

（二）两条腿走路：发展与治理的平衡

人工智能技术的风险是多方面的，从来源来看，包括技术本身、技术开发和技术应用等多个角度；从受影响的主体来看，包括个人、组织、国家乃至全球等多个层面；从风险内容来看，它涉及政治、经济、文化和社会等多个方面。因而，需要考虑其对社会产生的具体影响。从综合收益而言，生成式人工智能的渗透性非常强，对社会的影响是全面的。例如，对制造业来说，人工智能有利于推动产业的数智化转型升级，在推进新质生产力和高质量发展方面潜力巨大。所以，人工智能的治理问题必须要坚持"两个轮子同步推进"，一个是发展的轮子，一个是规制的轮子，争取在发展中不断引导、推动人工智能技术的健康发展。

人类社会发展到今天，在科技发展方面始终面临着一个关键问题，即需要对新科技的发展进行收益和风险的评估和权衡。有些技术固然可以帮助我们实现更好的生活，但也可能带来更大的安全风险，所以我们必须考虑在什么地方停步。

以生命科学领域的基因编辑技术为例，正如贺建奎事件所体现的那样，对人类基因进行编辑改造在技术上是可能的，但在将其背后的伦理和社会责任问题想清楚之前，世界各国的学术共同体和医务界都认为这个技术不能再"向前一步"。通用人工智能技术从本质上说潜在风险也极高，一旦出错，其后果可能是无法挽回的。

因此，对于有极高风险的技术，我们需要持续关注安全问题。这方面的典型案例是核技术。核技术的产生与战争紧密相关，并且被直接应用于战争，让全世界所有人都看到了它所带来的巨大伤亡和毁灭性风险。之后，从切尔诺贝利事故到福岛核事故，一系列核事故带来的灾难一再提醒人们关注核技术的风险防控。清华大学人工智能国际治理研究院薛澜教授在接受《中国新闻周刊》专访时强调，目前全球核技术领域 95% 的研发经费都被用在风险防控技术的研发上，因而发展人工智能，需要装好刹车再上路。

（三）行动协同：推动多元主体参与治理

人工智能技术研发、应用与扩散涉及多个异质主体的权利与责任。

因此，围绕着人工智能治理议题，笔者梳理其核心治理主体和外围治理主体，并明确各个治理主体的定位与治理职责。多元治理主体在人工智能社会技术系统中拥有不同的权限、资源、利益与限制，通过各种正式与非正式渠道不断博弈平衡，构成治理机制复合体。

人工智能正推动着不同治理主体角色的转变。例如，《数据隐私保护条例》涉及数据生成者（用户）、数据聚合者（使用人工智能的平台企业）、数据使用者（研发机构）和数据监管者（政府及其他）等多方利益主体的博弈和互动，各方都应当具有人工智能治理的知识合法性或参与合法性。上述技术发展路径和商业模式，同样决定了人工智能治理与传统技术治理框架存在诸多不同。政府通常是治理的核心，具有对社会（即各类非政府主体）的引导控制能力。因此，人工智能治理应该构建由人工智能企业（技术提供者或技术使用者）、公众（技术使用者）、高校、科研机构、政府部门、社会团体等共同组成的治理主体集合，明确权责的归属，有效地实现不同治理主体之间的灵活互动和敏捷沟通，从而更加高效地应对人工智能带来的多重治理挑战。

除了传统技术治理强调政府联合人工智能组织、第三方组织规制人工智能服务提供商的经济行为之外，人工智能综合性治理框架强调，还需要将广大的人工智能技术利益相关方纳入治理过程。在确立人工智能治理价值共识的基础上，梳理不同人工智能治理主体的价值分工，结合人工智能治理主体的治理能力，选择与之契合的治理方式和治理工具，最终形成有针对性的人工智能的合作协同治理机制。

首先，针对人工智能治理，需要多元治理主体形成价值共识，这是多元治理主体进行合作和协同治理的根基所在，也是全景式治理框架的内在要求之一，应当全方位、科学地看待人工智能治理。其次，梳理人工智能治理主体的价值分工，治理主体取长补短，相互促进，充分发挥治理主体各自的治理优势，最终形成治理合力。最后，人工智能治理主体之间形成动态互动的协同共治机制，并根据人工智能技术创新发展与治理的适时需求，创新治理方式和治理工具。

（四）模式构建：推动完善敏捷治理

针对新兴产业发展的特性，产业治理需要重新考虑法律假设、风险研判和利益平衡三个维度的问题，并建立以敏捷为核心的治理框架。新兴产业的敏捷治理的核心是匹配产业发展所需要的制度资源，应在治理原则、治理关系和治理工具上有别于传统治理框架，从而实现治理核心目标的有机平衡。同时，在敏捷治理思想的引导下，新兴产业应在治理框架的灵活性和全面性上进行持续建设。ChatGPT 其实是一个比较典型的新兴技术案例。现在对于新兴技术来讲，其与过去不一样的地方在于无法确定标准，或者没有明确法律规制，需要给其留有一定空间，根据发展变化适时调整，即较为灵活的敏捷治理。

中国对人工智能发展战略很早就有考虑。2017 年出台的《新一代人工智能发展规划》就已经制定了三个阶段三步走的战略，人工智能治理就是其中重要的内容，明确提出了要关注人工智能的潜在风险、建设有效治理体系的任务。所以，近些年来，中国在人工智能发展过程中始终将治理体系建设放在非常重要的位置上。2019 年，国家新一代人工智能治理专业委员会推出了《新一代人工智能治理原则——发展负责任的人工智能》，其核心就是要发展负责任的人工智能，有序完善风险防控和治理体系。委员会提出了 8 条原则，这些原则在很大程度上也是世界各国的共识。这 8 条原则中有一个独特的创新，就是明确提出了"敏捷治理"的原则。这是因为，人工智能的技术发展步伐非常快，但治理体系建设要经过合理的程序，步伐就慢多了，很容易出现步调不一致的问题。"敏捷治理"就是应对这个问题的关键。

总的来说，我国的人工智能治理在 2020 年后加快了步伐，出台了很多法律法规、指南、治理原则、规则等，包括 2023 年发布的《全球人工智能治理倡议》。地方政府也推出很多措施，涵盖多维度、多领域、多层次的整体规划和各个部门的任务，包括中央和地方、公共部门和私营部门等，形成了从企业自我规制到法律规定的一整套人工智能治理体系，并有各种工具配合，实现了多维共治、敏捷治理，为最终形成有中国特色的由多元治理主体、多元治理工具和不同治理路径组合而成的人工智能治理框架奠定了基础。

三、历史与超越——应对人工智能治理的新变化

（一）我国人工智能适应性治理的范式变革

我国新一代人工智能适应性治理经历了探索式治理（2016 年以前）、回应式治理（2017—2019 年）、集中式治理（2020—2021 年）、敏捷式治理（2022 年以来）四个阶段的范式变革。为了应对新一代人工智能治理的不确定性和复杂性挑战，我国新一代人工智能适应性治理在各个要素的动态迭代和高效组合中进行着不断转换。基于此，对适应性治理不同阶段的动态特性（治理对象、治理理念、治理主体和治理工具）进行系统性刻画，厘清我国新一代人工智能适应性治理范式的过去式、现在式和未来式（见图 5-2），为我国新一代人工智能适应性治理范式的未来演进路径提供借鉴启发。

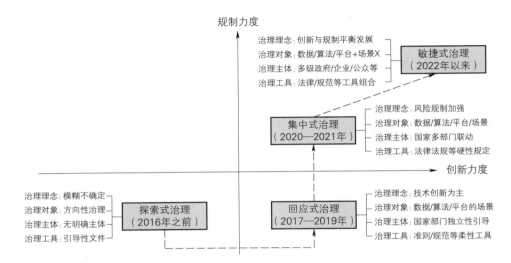

图 5-2　我国新一代人工智能适应性治理的范式变革
资料来源：姜李丹，薛澜．我国新一代人工智能治理的时代挑战与范式变革［J］．公共管理学报，2022（2）：7.

1. 探索式治理（2016 年以前）

人工智能适应性治理虽历时较短，但发展迅速。在我国新一代人工智能发展初期（2016 年以前），人工智能开始从技术研发走向产业应用，引发了国际社会对新一代人工智能风险问题的初步思考。2016年，联合国发布《联合国人工智能政策》。同年，美国白宫连续发布《国家人工智能研究与发展战略计划》《为人工智能的未来做好准备》《人工智能、自动化与经济》，开始从制度、细则、社会等方面提出应对人工智能潜在风险的策略。2016 年，英国下议院科学和技术委员会发布《机器人和人工智能》，指出了人工智能对伦理道德与法律法规的潜在挑战。同年，在国际人工智能治理初见端倪之时，中国工程院院士潘云鹤首次阐释了我国新一代人工智能的核心要义，并提出大数据智能、群体智能、跨媒体智能、人机混合增强智能、自主智能系统五大重点发展方向，标志着我国新一代人工智能适应性治理的起步。但这一时期无论是治理理念、治理对象、治理主体还是治理工具，都尚处于探索过程之中。因此，2016 年之前我国新一代人工智能以探索式治理为主，开始积极推进技术创新，风险规制力度较小。

2. 回应式治理（2017—2019 年）

随着《新一代人工智能发展规划》《促进新一代人工智能产业发展三年行动计划（2018—2020 年）》等国家宏观战略引导和政府政策支持的不断推进，2017—2019 年我国各大人工智能领军企业纷纷开疆拓土，百度发布开源自动驾驶系统 Apollo、商汤成为我国最大的人工智能算法供应商、阿里成立"达摩院"并发布杭州城市大脑 2.0、腾讯发布首个人工智能辅诊开放平台，等等。我国人工智能发展的创新氛围快速形成，技术迅猛发展。此时治理要点是大数据积累、理论算法革新、平台算力提升，短期内人工智能技术创新、场景开放等取得快速进展。但与此同时，数据隐私保护、国际治理参与受阻等问题开始逐渐显现，2019 年《新一代人工智能治理准则——发展负责任的人工智能》以柔性规制方式就我国人工智能治理的基本态度向国际社会发声。因此，2017—2019 年我国新一代人工智能技术创新力度显著增强，风险规制则以回应方式为主。

3. 集中式治理（2020—2021 年）

2020 年以来，人工智能技术性风险频谱日益复杂、社会性风险事件频发，多方因素汇聚触发了我国人工智能适应性治理的新一轮变革。一方面，我国新一代人工智能创新发展试验区的不断深入建设助推技术持续进步与创新深度赋能。此时期数据、算法、平台开始在无人驾驶、智能制造、智慧城市、智慧农业等各类场景中加速创新应用，人工智能的技术属性和社会属性高度融合。另一方面，"数据－算法－平台－场景"的风险复杂程度和危险系数也开始显著增大，此时治理理念和治理对象开始由鼓励创新为主向风险规制为主倾斜。

该时期国家诸多部门开始针对特定问题联合发布相关政策，如国家标准化管理委员会、中央网信办、国家发展改革委、科技部、工业和信息化部五部门联合发布《国家新一代人工智能标准体系建设指南》，治理主体的横向协同沟通逐渐加强。国家关键性法律法规等硬性规制工具也开始陆续出现，2021 年我国相继颁布《中华人民共和国数据安全法》和《中华人民共和国个人信息保护法》，明确我国新一代人工智能创新发展的"底线"。因此，2020-2021 年我国新一代人工智能以集中式治理为主，技术创新突破持续发力，风险规制力度显著增强。

4. 敏捷式治理（2022 年以来）

面向未来发展，我国新一代人工智能适应性治理致力于形成"治理理念动态平衡、治理主体多元协同、治理对象频谱细分、治理工具多维组合"的有机治理格局，既要鼓励我国人工智能企业在坚持以人为本、安全可控的"底线思维"基础上继续增强技术创新力度，也要及时发现人工智能应用带来的各类新兴风险，及时果断给予适当规制。创新与规制的平衡发展需要政府、企业、公众、行业团体、社会组织等治理主体多元协同的不断增强。与此同时，要将数据、算法、平台等治理对象嵌入具体场景中进行细分，形成我国"普适性底线约束 + 个性化场景规制"的新一代人工智能治理频谱。如针对共性的数据、算法、平台突出问题进行力度较强的普适性约束，而针对具体应用场景的个性化问题则实施具有一定容错空间的韧性规制。未来智能社会治理工具既要包括宏观层面原则性、普适性较强的法律法规，也要包括中观层面共识性强的行为准则、行业规范、技术标准，还要有微观层面时效性强的行业倡议、企业自我规制。这些源于正式组织或非正式组织刚柔并济的组合型治理工具对降低我国新一代人工智能技术风险、增强社会抗风险韧性具有重要作用。因此，2022 年以后，我国新一代人工智能应以敏捷式治理为主，保持技术创新力度和风险规制力度的持续并重、动态均衡变得尤为重要。

（二）我国人工智能治理的范式超越

人工智能治理需转换认识视角，通过建构包容性的治理框架来获得"既见森林、又见树木"的治理效果。基于此，在对前人成果批判性继承的基础上，本书提出了一个人工智能治理综合分层框架（见图 5-3），该框架内含从宏观到微观的维度衍变，以及从抽象到具体的内容衔接。在治理维度上，该框架将人工智能治理划分为层次衔接的四个子框架，分别为共性价值框架、结构要素框架、行业场景框架、微观操作框架。其中，共性价值框架是整个治理框架的"根基"，在整个治理框架中起着"统领性"的作用；结构要素框架是对共性价值

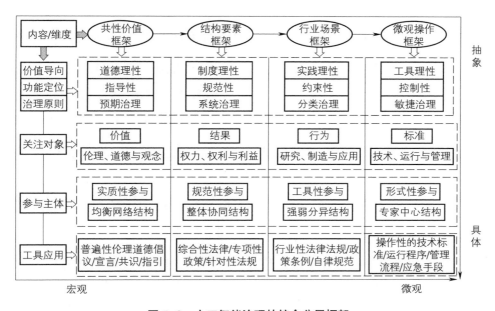

图 5-3　人工智能治理的综合分层框架

资料来源：庞祯敬，薛澜，梁正．人工智能治理：认知逻辑与范式超越［J］．科学学与科学技术管理，2022（9）：11.

框架的"具象化"执行，是整个治理框架的"树干"，起着"提纲性"的作用；行业场景框架是对结构要素框架的"分类式""精细化"的表达，是整个治理框架的"枝干"，在某种程度上代表了整个治理框架着力的"实践范围"；微观操作框架是行业场景框架的"工具化"展示，是整个治理框架的"枝叶"和"最接地气"的层次。

首先，共性价值框架。在人工智能治理实践中，共性价值框架需以"道德理性"为价值导向，各主体根据道德推理确立约束自己人工智能相关行为的伦理准则、道德规范和价值理念，并将其凝结为集体性的价值规则。共性价值框架需以"预期治理"为原则，采取"塑造技术"的积极姿态，提前将集体性的伦理道德考虑植入人工智能发展中。在这一过程中，各个主体（如政府、研发者、企业、社会组织、公众等）需保持开放合作，建构"均衡网络"的主体间关系结构。其中，公民组织需扮演"实质性参与"的角色，在技术端、政府端、市场端和社会端，分别以负责任创新、公共价值、社会责任和公民组织共识为核心构建人工智能伦理道德规范体系，并以伦理道德倡议、宣言、指引、共识等工具形式，将和谐友好、公平公正、包容共享、尊重隐私、安全可控、责任共担、开放协作等伦理道德原则确定化，以实现对人工智能治理的价值"指导性"的功能定位。

其次，结构要素框架。结构要素框架是以算法、数据、资本为载体，将共性价值框架内含的抽象性伦理道德观念，转化为以权利、权力和利益等结果形式为关注对象的治理框架。结构要素框架需以"制度理性"为价值导向，构建一套人工智能发展中社会成员共同遵守的、按一定程序运行的规程或行动准则，并充分利用制度的反思、调节、创新功能，规范人工智能嵌入社会场景所带来的各主体间的权利关系、权力结构和利益格局，以维持人工智能发展的"秩序化"状态。结构要素框架需将"系统治理"奉为原则，把人工智能视为一个数据、算法、资本等人机要素深度融合的社会系统，通过建立"综合—分类"式的法律政策体系来框定人工智能发展的正确方向。在此过程中，治理主体需建构"整体协同"的主体间关系结构，技术专家、政策专家和公众必须同时纳入制度建构过程，并采取多形式的知识互动、政治互动、社会互动等手段彰显人工智能治理的合法性。其中，公民组织力量需被赋予"规范性参与者"的角色，通过界定公众在人工智能数据、算法和资本议题上应有权利与义务清单（如获得信息与知识、参与协商、保证知情、限定集体与个人的危害总量等权利；学习人工智能知识、参与讨论、运用知识等义务），以实现人工智能治理过程中普遍意义上的公平、正义、民主等价值。在实践中，针对一系列人工智能数据、算法和资本等共性问题，以底线"规范性"为功能定位的综合性法律、专项性政策和针对性法规是结构要素框架应有的工具选择。

　　再次，行业场景框架。行业场景框架是以人工智能赋能场景为依据，将共性价值框架和结构要素框架的价值规范和秩序要求寓于不同人工智能行业（如生物识别、精准医疗、自动驾驶、工业大脑、数字政府等），并以具体的人工智能行为活动为关注对象的治理框架，如人工智能的研究开发、设计制造、部署应用等。这要求以"分类治理"为根本，根据人工智能赋能的不同对象（如公众与个人、产业与组织、国家与社会）及其风险发生概率和严重程度的不同象限，针对个性问题形成专门治理规则，不同行业场景实施治理的强度和维度应"因地制宜"，避免"一刀切"。因此，行业场景框架必须是"实践理性"的践行者，需摒弃一切问题与方法的预设，坚持从人工智能发展的一线场景中发现问题、分析问题和解决问题，不失时机地创造、修正、完善不同场景下人工智能相关行为的行业性法律法规、政策条例和自律规范，以实现人工智能治理的行为"约束性"功能定位，例如，针对自动驾驶的汽车数据安全管理规定，针对人工智能赋能公共治理的政务信息资源共享管理办法、公共数据开放与安全管理条例，针对人脸识别的相关数据收集、储存、训练、流动规范等。行业场景框架的繁杂性使得建构"均衡或协同"的主体关系结构面临技术难题，公民组织力量因"知识残缺"和"精力有限"而难以深度介入具体的人工智能应用场景，因此，"政府—市场—技术"的强度关联与公民组织的"工具性参与"是较为理性的选择，即公众参与行业场景框架下的人工智能治理的目的不在于实现规范意义上的公平、正义、民主等价值和实质意义上的评审、决策、监督等权力，而在于通过公众参与来彰显各主体间的信任关系以有利于人工智能治理目标的实现。

最后，微观操作框架。微观操作框架是以人工智能具体技术、产品（硬件和软件）、服务为载体，对行业场景框架所要求的行为规范进行标准化操作的治理框架。它要求以"工具理性"为价值导向，强调定量运算、精确预测和有效控制等方法的确定性，通过建立各种研究设计标准、技术安全标准、运行程序标准、管理流程标准、应急处置标准等工具，来达到减小风险概率、降低后果严重性的目的，如我国出台的《无人驾驶航空器系统标准体系建设指南》《智能网联道路系统分级定义与解读报告》《公共安全 人脸识别应用 图像技术要求》等技术标准，以及人工智能企业内部建立的"执行嵌入产品研发全生命周期的安全控制体系""研发运营一体化安全运营平台""数据采集与标注安全合规标准"等安全管理程序与标准。这要求微观操作框架必须以"敏捷治理"为原则，在人工智能技术迭代中实现技术端、运行端、管理端和应急端"标准化方案"的动态优化，通过保持快速回应性和适应性来实现人工智能治理的标准控制性的功能定位。在治理主体的关系结构上，由于存在较强的专业壁垒，人工智能的技术专家、运营专家的知识权威在微观操作框架中应得到尊重，其他治理主体应自觉扮演"监督者"的角色，而公民组织力量则需以"形式性参与"为策略，在"缺失模型"的框架下不断达成"公众理解科学"。

参考文献

［1］姜李丹，薛澜. 我国新一代人工智能治理的时代挑战与范式变革［J］. 公共管理学报，2022（2）：1-11+164.

［2］梁正，张辉. 构建平衡包容的人工智能治理体系［J］. 中国发展观察，2022(12)：44-50.

［3］梁正. 如何监管出圈的 ChatGPT？［EB/OL］.（2023-02-16）［2024-04-30］. http：//stdaily.com/index/kejixinwen/202302/cfd5c44fa5be4c1d998e80b3733b9140.shtml.

［4］庞祯敬，薛澜，梁正. 人工智能治理：认知逻辑与范式超越［J］. 科学学与科学技术管理，2022，43（9）：3-18.

［5］薛澜，赵静. 走向敏捷治理：新兴产业发展与监管模式探究［J］. 中国行政管理，2019（8）：28-34.

［6］薛澜. 人工智能全球治理 如何平衡安全与发展［EB/OL］.（2024-03-19）［2024-06-25］. http://www.inewsweek.cn/people/2024-03-19/21498.shtml.

附录：2023年人工智能大事件回顾

一、中国大模型篇

2月

1. 全国首个人工智能公共算力平台在上海正式投用

2月20日，全国首个人工智能（AI）公共算力平台在上海正式投用，该平台依托上海超级计算中心建设及运用，用于满足科研机构和广大中小微企业实际算力需求，探索算力调度新模式。

2. 国内第一个对话式大型语言模型MOSS发布

2月，国内第一个对话式大型语言模型MOSS由邱锡鹏教授团队发布至公开平台邀公众参与内测，为国内首个发布的类ChatGPT模型。复旦大学计算机科学技术学院教授、MOSS系统负责人邱锡鹏表示："这是国内第一个插件版对话语言模型，能使用搜索引擎、图像生成模型、方程求解器等外部工具，为用户提供越来越多的服务。GPT-4也能接入各种插件，这种能力在大模型落地应用过程中会很有价值。"整体而言，MOSS基于公开的中英文数据训练，已经拥有200亿个参数，具有和人类对话的能力，并可以通过与人类交互实现迭代优化。

3月

3. 百度大语言模型产品"文心一言"正式发布

3月16日，百度大语言模型产品"文心一言"正式发布，这是继

OpenAI 发布 ChatGPT 后，中国第一款生成式大语言模型产品，具备五大能力：文学创作、商业文案创作、数理逻辑推算、中文理解、多模态生成。7 个月后，文心大模型 4.0 问世，同步开始邀测，并带来全线重构的新搜索等 10 余款 AI 原生应用。

4 月

4. 大模型创企百川智能成立

4 月 10 日，搜狗前 CEO 王小川、搜狗前 COO 茹立云联手成立国内大模型创企百川智能。1 个月后，百川智能拿到了来自腾讯、小米、金山、清华大学资产管理有限公司等 10 余家机构的联合投资，整体估值超 10 亿美元。半年内，百川智能已经发布超过 7 款大模型，参数规模从 10 亿到 100 亿不等，覆盖开源和闭源。

5. 知乎推出首个中文大模型"知海图 AI"

4 月，知乎推出首个中文大模型"知海图 AI"，该大模型在成熟大模型 CPM-Bee 基础上研发，拥有千亿级参数，具备更强的逻辑推理能力、更快的训练和推理速度。"知海图 AI"在公司业务提效上收益显著，其在分层、分类、兴趣理解、搜索等业务场景广泛发挥大模型能力，人工标注量降低了 90% 以上，业务准召效果普遍提升了 15%以上。

5 月

6. 科大讯飞正式发布"讯飞星火认知大模型"

5 月 6 日，科大讯飞正式发布"讯飞星火认知大模型"，在文本生成、知识问答、数学能力三大能力上超过 ChatGPT。6 月，"讯飞星火认知大模型"通过中国信息通信研究院组织的国内首个官方可信 AIGC 大模型基础能力（功能）评测，并且获得认证通过全部功能项。10 月，"讯飞星火认知大模型"3.0 版本发布，七大能力持续提升，整体超越

ChatGPT，医疗六大核心能力超越 GPT-4。

7月

7. 华为正式发布人工智能大模型华为云盘古大模型 3.0

7月7日，华为正式发布人工智能大模型华为云盘古大模型 3.0——面向行业的大模型系列包括"5+N+X"三层架构，包括底层（L0）的通用大模型、第二层（L1）的行业大模型和第三层（L2）的细分场景模型，在金融、制造、医药研发、煤矿、铁路等诸多行业发挥着巨大价值。

8. 京东发布言犀大模型

7月13日，在2023京东全球科技探索者大会暨京东云峰会上，京东言犀大模型正式推出。与通用大模型不同，京东言犀大模型是立足于产业研发的。它融合了70%通用数据与30%数智供应链原生数据，具有"更高产业属性、更强泛化能力、更多安全保障"的优势，适用于多种产业场景，解决真实的产业问题。言犀大模型已经在消费导购、商家经营、客服售后、医疗问诊等多个供应链场景中试点接入。此外，在内部经营管理方面，京东尝试将大模型应用于系统代码辅助编写，实现了20%以上的效率提升，并开始测试AIGC自动生成商品营销图文的能力，目前已推广至2000多个零售三级品类。

9. 网易有道发布国内首个教育领域垂直大模型"子曰"

7月26日，网易有道发布国内首个教育领域垂直大模型"子曰"，同时陆续推出搭载"子曰"教育大模型的六大应用成果——虚拟人口语教练 HiEcho、LLM 翻译、AI 作文指导、语法精讲、AIBox、文档问答。该模型拥有更专业的预训练语料，可以依据用户的不同学习场景需求，向其提供对话服务。

8 月

10. 中国首颗 AI 卫星成功发射

8 月 10 日, 中国首颗以人工智能（AI）载荷为核心、具备智能操作系统的智能应急卫星 "地卫智能应急一号"（又名 WonderJour-ney-1A, 简称 WJ-1A）在酒泉发射中心成功发射并进入预定轨道。

11. 抖音宣布开始对外测试 AI 对话产品 "豆包"

8 月 17 日, 抖音宣布开始对外测试 AI 对话产品 "豆包"。据称, "豆包" 是字节跳动公司基于云雀模型开发的 AI 工具, 提供聊天机器人、写作助手以及英语学习助手等功能。它可以回答各种问题并进行对话, 帮助人们获取信息, 支持网页平台、iOS 以及安卓平台, 但 iOS 需要使用 TestFlight 安装。

9 月

12. 腾讯混元大语言模型正式亮相

9 月 7 日, 腾讯混元大语言模型在 2023 腾讯全球数字生态大会上正式亮相, 通过腾讯云对外开放。这是腾讯首次披露的通用大语言模型。混元大模型拥有超千亿参数规模, 预训练语料超 2 万亿 Token, 具有强大的中文理解与创作能力、逻辑推理能力以及可靠的任务执行能力。在多个场景下, 腾讯混元大模型已经能够处理超长文本, 通过位置编码优化技术, 混元大模型对于长文处理的效果和性能得到了提升。混元大模型还具有识别 "陷阱" 的能力, 简单来说, 就是通过强化学习方法来拒绝被 "诱导"。

13. 阿里云 "通义千问" 大模型向公众开放

9 月 13 日, 阿里云宣布其最新的人工智能大模型 "通义千问" 已经通过备案, 并表示将开源一个更大参数规模的大模型版本, 供全社会免费商用。该举措旨在降低大模型使用门槛, 推动人工智能技术发展与普及。

14. 金山办公宣布 WPS AI 已接入金山办公全线产品

9 月，金山办公官方宣布，基于大语言模型的智能办公助手 WPS AI 已接入金山办公全线产品，邀请用户体验全组件 AI 功能。金山办公将应用大模型重构办公软件，为每一位用户提供 AIGC（内容创作）、Copilot（智慧助理）和 Insight（知识洞察）三方面全新的产品体验。WPS AI 作为协同办公赛道的类 ChatGPT 式应用，已接入 WPS 文字、演示、表格、PDF、金山文档等产品线，解决用户在内容生成、内容理解、指令操作等方面的日常办公难题。公司率先实现大语言模型在各端落地，构建稳定的 Office 基建服务，并为 AI 功能提供简洁的交互框架、接入指南和准入标准，确保产品的智能化体验。

10 月

15. 中国原生大模型 ChatGLM3 发布

10 月 27 日，智谱 AI 在 2023 中国计算机大会（CNCC）上，推出了全自研的第三代基座大模型 ChatGLM3 及相关系列产品。在全新升级的 ChatGLM3 赋能下，生成式 AI 助手智谱清言已成为国内首个具备代码交互能力的大模型产品，可支持图像处理、数学计算、数据分析等使用场景。

16. 百川智能宣布推出 Baichuan2-192K 大模型

10 月 30 日，百川智能宣布推出 Baichuan2-192K 大模型，其上下文窗口长度高达 192K，能够多处理约 35 万个汉字。据悉，Baichuan2-192K 将以 API 调用和私有化部署的方式提供给企业用户。百川智能已经启动该大模型的 API 内测，并开放给法律、媒体、金融等行业的核心合作伙伴。

二、中国 AI 政策篇

1. 2023 年 2 月 9 日，国务院国资委印发《关于做好 2023 年中央企业投资管理 进一步扩大有效投资有关事项的通知》（简称《通知》）

《通知》提出，要加快传统产业改造升级，推动高端化、智能化、绿色化发展和数字化转型；积极培育壮大战略性新兴产业，推动新产业新业态新动能融合集群发展，加大新一代信息技术、人工智能等布局力度；促进数字经济和实体经济深度融合，加大对 5G、人工智能、数据中心等新型基础设施建设的投入，推动平台企业引领发展。

2. 2023 年 2 月 27 日，中共中央、国务院印发《数字中国建设整体布局规划》（简称《规划》）

《规划》明确，数字中国建设按照"2522"的整体框架进行布局，即夯实数字基础设施和数据资源体系"两大基础"，推进数字技术与经济、政治、文化、社会、生态文明建设"五位一体"深度融合，强化数字技术创新体系和数字安全屏障"两大能力"，优化数字化发展国内国际"两个环境"。

《规划》指出，要通过打通数字基础设施大动脉、畅通数据资源大循环等夯实数字中国建设基础。其中提到，要系统优化算力基础设施布局，加强传统基础设施数字化、智能化改造。

《规划》同时指出，要通过做强做优做大数字经济、发展数字政务、构建数字社会等全面赋能经济社会发展。

3. 2023 年 7 月 10 日，国家网信办等七部门联合印发《生成式人工智能服务管理暂行办法》（简称《办法》）

《办法》提出，国家坚持发展和安全并重、促进创新和依法治理相结合的原则，采取有效措施鼓励生成式人工智能创新发展，对生成式人工智能服务实行包容审慎和分类分级监管，明确了提供和使用生成式人工智能服务总体要求。

《办法》提出了促进生成式人工智能技术发展的具体措施，明确了训练数据处理活动和数据标注等要求。

《办法》规定了生成式人工智能服务规范，明确生成式人工智能服务提供者应当采取有效措施防范未成年用户过度依赖或者沉迷生成式人工智能服务。此外，《办法》还规定了安全评估、算法备案、投诉举报等制度，明确了法律责任。

4. 2023 年 8 月 8 日，全国信息安全标准化技术委员会秘书处发布《网络安全标准实践指南——生成式人工智能服务内容标识方法》（简称《实践指南》）

该指南给出了针对文本、图片、音频和视频四类生成内容的标识方法，旨在指导生成式人工智能服务提供者提高安全管理水平。

《实践指南》要求，应在人工智能生成内容显示区域下方或输入区域下方持续显示提示文字，或均匀添加包含提示文字的水印；提示文字至少包含"由 AI 生成"等信息。其中，内容标识的面积需不低于画面的 0.3% 或高度不低于 20 像素。

另外，在生成输出文件的元数据中需添加扩展字段，包括服务提供者名称、生成时间和内容 ID。由自然人转为人工智能提供服务，容易引起使用者混淆时，应通过提示文字或提示语音的方式，说明"AI 为您提供服务"等信息。

5. 2023 年 8 月 3 日，工业和信息化部等四部门印发《新产业标准化领航工程实施方案（2023—2035 年）》（简称《实施方案》）

《实施方案》主要聚焦新兴产业与未来产业标准化工作，形成

"8+9" 的新产业标准化重点领域。

针对新兴产业聚焦的"新一代信息技术"，《实施方案》提出要研制大数据、物联网、算力、云计算、人工智能、区块链、工业互联网、卫星互联网等新兴数字领域标准。

针对未来产业聚焦的"生成式人工智能"，《实施方案》提出要围绕多模态和跨模态数据集研制标注要求等基础标准；围绕大模型关键技术领域，研制通用技术要求等技术标准；围绕基于生成式人工智能的应用及服务，研制生成式人工智能模型能力、生成内容评价等应用标准，并在重点行业开展生成式人工智能产品及服务的风险管理、伦理符合等标准预研。

6. 2023 年 8 月 10 日，工业和信息化部、财政部印发《电子信息制造业 2023—2024 年稳增长行动方案》（简称《行动方案》）

《行动方案》提出，要培育壮大虚拟现实、先进计算等新增长点。在虚拟现实方面，提升虚拟现实产业核心技术创新能力，推动虚拟现实智能终端产品不断丰富，深化虚拟现实与工业生产、文化旅游、融合媒体等行业领域有机融合。在先进计算方面，推动先进计算产业发展和行业应用，加快先进技术和产品落地应用。鼓励加大数据基础设施和人工智能基础设施建设力度，满足人工智能、大模型应用需求。

7. 2023 年 10 月 18 日，中国发布《全球人工智能治理倡议》（简称《倡议》）

《倡议》围绕人工智能发展、安全、治理三方面系统阐述了人工智能治理中国方案，核心内容包括：坚持以人为本、智能向善，引导人工智能朝着有利于人类文明进步的方向发展；坚持相互尊重、平等互利，反对以意识形态划线或构建排他性集团，恶意阻挠他国人工智能发展；主张建立人工智能风险等级测试评估体系，不断提升人工智能技术的安全性、可靠性、可控性、公平性；支持在充分尊重各国政策和实践基础上，形成具有广泛共识的全球人工智能治理框架和标准规范，支持在联合国框架下讨论成立国际人工智能治理机构；加强面向发展中国家的国际合作与援助，弥合智能鸿沟和治理差距；等等。

《倡议》就各方普遍关切的人工智能发展与治理问题提出了建设性解决思路，为相关国际讨论和规则制定提供了蓝本。中方愿同各方就全球人工智能治理开展沟通交流、务实合作，推动人工智能技术造福全人类。

8. 2023 年 12 月 15 日，国家数据局发布了《"数据要素 ×"三年行动计划（2024—2026 年）（征求意见稿）》（简称《征求意见稿》）

《征求意见稿》共计 23 条，从激活数据要素潜能、总体要求、重点行动等五方面作出要求，部署了"数据要素 × 智能制造""数据要素 × 智慧农业""数据要素 × 商贸流通"等 12 项重点行动。其中，在交通运输、金融服务、科技创新等多个场景均提到人工智能。《征求意见稿》提出，支持开展通用人工智能大模型和垂直领域人工智能大模型训练。

9. 2023 年 12 月 25 日，国家发展改革委等五部门印发《深入实施"东数西算"工程加快构建全国一体化算力网的实施意见》（简称《实施意见》）

《实施意见》提出到 2025 年底，综合算力基础设施体系初步成型。《实施意见》从通用算力、智能算力、超级算力一体化布局，东中西部算力一体化协同，算力与数据、算法一体化应用，算力与绿色电力一体化融合，算力发展与安全保障一体化推进等五个统筹出发，推动建设联网调度、普惠易用、绿色安全的全国一体化算力网。

三、国际治理篇

2 月

1. 美国发布《关于负责任地军事使用人工智能和自主技术的政治宣言》

该宣言于 2023 年 2 月在海牙举行的军事领域负责任人工智能峰会（REAIM 2023）上发布，旨在围绕负责任的行为建立国际共识，并指导各国开发、部署和使用军事人工智能。该宣言的内容包括确保军事人工智能系统是可审计的、具有明确的用途、在整个生命周期中接受严格的测试和评估、有能力检测和避免意外行为等。目前已有 47 个国家宣布支持该宣言。

9 月

2. 美国参议院多数党领袖查克·舒默宣布举办首届"人工智能洞察论坛"

9 月 14 日，美国各大科技公司高管、人工智能相关学术界和政策界人士受邀前往美国国会，参加美国参议院多数党领袖查克·舒默主持的首届"人工智能洞察论坛"，与考虑如何进行监管的参议员们闭门讨论人工智能领域的重大问题。这次会议还邀请了劳工、民权和创意产业等利益攸关方的代表出席。舒默召集这次会议的目的是为建立起美国人工智能立法的基本框架。

10 月

3. 美国总统拜登签署《关于安全、可靠、可信地开发和使用人工智能的行政令》

10 月 31 日，美国总统拜登发布美国首条关于人工智能规范的行政令。该行政令确立了人工智能安全和安保的新标准，有助于进一步保护美国人的隐私，促进社会公平以及公民权利，维护消费者和工人利益，促进相关企业创新和竞争，推动维护美国在全球的领导地位。白宫强调："拜登最新发布的人工智能行政令，是美国在安全、可靠和可信赖人工智能方面向前迈出的重要一步。"

4. 七国集团领导人发布"人工智能治理原则和行为准则"

基于 5 月的"广岛人工智能进程"部长级论坛，七国集团领导人就开发先进人工智能系统的公司的行为准则达成一致。这套行为准则共包含 11 项内容，旨在推广全球范围内的安全、可靠和值得信赖的人工智能，并将为开发最先进的人工智能系统的组织提供自愿行动指南，包括最先进的基础模型和生成式人工智能系统。

5. 联合国成立咨询机构来解决人工智能国际治理问题

联合国秘书长古特雷斯宣布成立一个由 39 名成员组成的咨询机构，为国际社会加强对人工智能的治理提供支持。成员包括科技公司高管，西班牙、沙特阿拉伯的政府官员，以及来自美国、俄罗斯和日本等国的学者。联合国表示，机构成员具有全球性、性别均衡和跨学科等特点，这将有助于该机构发挥独特的作用，让人工智能服务于人类。

11 月

6. 英国举办全球人工智能安全峰会

11 月 1 日，首届全球人工智能安全峰会在英国布莱奇利园召开。美国、英国、欧盟、中国、印度等多方代表在两天会期内，就人工智能技术快速发展带来的风险与机遇展开讨论。峰会发布《布莱奇利宣言》，来自美国和中国等 28 个国家的代表同意共同努力，遏制人工智能飞速发展带来的潜在"灾难性"风险。

12 月

7. 2023 人工智能合作与治理国际论坛

2023 年 12 月 8 日，由清华大学、香港科技大学联合主办的 2023 人工智能合作与治理国际论坛在香港科技大学逸夫演艺中心开幕。本次论坛以"构建人工智能全球治理框架"为主题，汇聚来自全球人工智能领域的顶级专家学者、政府代表、国际组织和企业人士，就应对生成式人工智能等前沿技术挑战，探索制定人工智能全球治理框架，助力构建以人为本、包容、和谐、可持续的世界展开研讨。

8. 欧盟通过《人工智能法案》

欧洲议会、欧盟成员国和欧盟委员会于布鲁塞尔当地时间 12 月 8 日晚就《人工智能法案》达成协议。欧盟《人工智能法案》是全球首部人工智能领域的法案，该法案对人工智能技术进行了全面性的监管，设定了欧盟人工智能治理基准。该法案对所有通用人工智能模型都提出了透明度要求，对更强大的模型则提出了更严格的规定。谈判代表们表示，最新规则对人工智能在欧洲的使用方式进行了限制，但这不会损害该行业的创新，也不会损害未来欧洲人工智能技术的发展前景。

四、科技巨头篇

1 月

1. 微软百亿补贴 OpenAI，OpenAI 估值飙升至 290 亿美元

1 月 23 日，微软宣布将扩大与 OpenAI 的合作关系，注资 100 亿美元，OpenAI 估值飙升至 290 亿美元，此次交易标志着继微软于 2019 年和 2021 年的投资后，两家公司的合作伙伴关系进入第三阶段。12 月 23 日，OpenAI 拟以不低于 1000 亿美元的估值水平进行新一轮融资，

相关谈判处于早期阶段。据悉，本轮融资的条款、估值和时间安排等细节尚未敲定，仍有调整的可能。

2 月

2. 谷歌匆忙上线 Bard 后惨遭"翻车"，市值蒸发近 7000 亿元人民币

2 月 7 日，谷歌匆忙上线 AI 对话产品 Bard，作为谷歌对标 ChatGPT 的产品，由 LaMDA 提供支持的对话式 AI 服务 Bard 在一场发布会上对用户提出的问题给出错误回答，直接导致 8 日晚美股开盘时谷歌股价大跌 7.4%，市值蒸发近 7000 亿元人民币，其失误引发了人们对人工智能搜索引擎可靠性的担忧。

3. Meta 全新大型语言模型 Llama 泄露

2 月 24 日，Meta 发布全新人工智能大型语言模型 Llama，起初并未开源，发布一周后，该模型在网站 4chan 上泄露，随即引发数千次下载，该链接还被合并到了 Llama 的官方 GitHub 页面，甚至得到了部分项目维护者的批准，真的可以"点击即用"。

3 月

4. 时隔半月 OpenAI 再次发布多模态大规模语言模型的最新版本 GPT-4

3 月 15 日，OpenAI 发布其多模态大规模语言模型的最新版本 GPT-4，其最大的进化在于"多模态"和长内容生成，这距离 GPT-3.5 的发布仅仅过去了半个月。3 月 24 日，OpenAI 宣布推出插件功能（ChatGPT Plugins），它使 ChatGPT 能够连接到第三方应用程序，赋予其使用工具、联网、运行代码的能力。

5. 英伟达绕开相关出口限制，推出专供中国市场使用的 H800 系列计算卡

3 月 24 日，英伟达为了绕开 2022 年施加的相关出口限制，推出了

H800 系列计算卡，专供中国市场使用。

4 月

6. 谷歌宣布成立 AI 组织谷歌 DeepMind

4 月 20 日，谷歌宣布将把来自谷歌研究院和 DeepMind 的 Brain AI 团队整合在一起，成立一个新的 AI 优先组织：谷歌 DeepMind。

5 月

7. Anthropic 宣布 Claude-100K 版 API 上线

5 月 15 日，Anthropic 宣布 Claude-100K 版 API 上线，Claude 可将上下文窗口 Token 数扩展到 10 万，相当于 7.5 万个单词，用户可以将数百页的材料直接上传到 Claude 上，它可以在 1 分钟之内就理解、消化这些信息。

6 月

8. ChatGPT 大更新，API 能力升级还降价

6 月 14 日，ChatGPT 更新，其中最核心的是 API 新增函数调用能力，与网页版的插件类似，API 也能使用外部工具。这意味着 ChatGPT API 原本不具备的能力也都能靠各种第三方服务拥有。除了升级服务，ChatGPT 的价格也更低，且 GPT-4 API 大规模开放，直到清空排队列表为止，一个月之后，GPT-4 API 全面对外开放使用。

7 月

9. 拜登于白宫召集七家 AI 头部公司

7 月 21 日，拜登在白宫召集了七家发展人工智能技术的头部公司——亚马逊、Anthropic、谷歌、Inflection AI、Meta、微软和 OpenAI，并获得七家人工智能头部企业的自愿性承诺。美国希望这些承诺受到各方的认可与支持，同时，希望美国在日后能够填补日本在七国集团广岛进程中的领导地位、英国在主办人工智能安全峰会方面的领导地

位和印度作为人工智能全球伙伴关系主席的领导地位。

8月

10. IBM 宣布计划在其 watsonx AI 平台中提供 Llama 2

8月10日，IBM 宣布计划在 watsonx 的 AI 开发平台 watsonx.ai 上纳入 Meta 的 700 亿个参数 Llama 2 聊天模型，现已可以提供给部分客户抢先体验。这是 IBM 与 Meta 在 AI 开放式创新方面的合作，包括就 Meta 的开源项目而展开的合作。

9月

11. 亚马逊宣布将向 OpenAI 竞争对手 Anthropic 投资 40 亿美元

9月26日，亚马逊宣布将向人工智能初创公司 Anthropic 投资 40 亿美元，并持有其部分股权。Anthropic 已经开发了聊天机器人 Claude，被认为是 OpenAI 和谷歌在生成式人工智能产品上的主要竞争对手。此次投资扩大了亚马逊提供生成式人工智能的范围，涵盖"生成式人工智能堆栈的所有三个层面"。

11月

12. 英伟达发布最强芯片 H200

11月14日，英伟达在 2023 年全球超算大会（SC2023）上发布了 H100 芯片的继任者，也是目前世界最强的 AI 芯片——H200，相比于其前任产品 H100，H200 的性能直接提升了 60%~90%。H200 与 H100 一样都是基于英伟达 Hopper 架构打造，即两款芯片可以互相兼容，对于使用 H100 的企业而言，可以无缝更换成最新的 H200。

13. OpenAI "宫斗戏"反转再反转

11月17日，OpenAI 发布公告：创始人山姆·奥尔特曼将"离任" CEO 和董事职位。原因是他在与董事会的沟通中，没有始终如一地"坦诚"。仅一天时间，11月19日，OpenAI 投资者向董事会施压，要求山姆·奥尔特曼重返首席执行官岗位。最终，纽约时间的 11 月 22 日凌晨 1 点，OpenAI 正式宣布原则上同意山姆·奥尔特曼重新回到 OpenAI 担任公司的首席执行官。同时，OpenAI 的董事会"大换血"。

12 月

14. 谷歌推出对标 OpenAI GPT 的语言模型 Gemini

12 月 6 日，谷歌公司宣布推出其规模最大、功能最强大的新大型语言模型 Gemini，这是谷歌对标 OpenAI GPT 模型的竞品，该模型共有三个版本——Ultra、Pro 和 Nano。其中，Ultra 的能力最强，复杂度最高，能够处理最为困难的多模态任务；Pro 的能力稍弱，是一个可扩展至多任务的模型；Nano 则是一款可以在手机端运行的模型。

15. 英伟达推出符合新的出口限制的芯片

12 月 6 日，英伟达首席执行官黄仁勋表示，英伟达目前正在与美国政府合作，会"有限度"地向中国出口芯片，确保面向中国市场的芯片将符合新的出口限制，其中并不包括高端芯片。12 月 28 日，英伟达推出了先进游戏芯片的改进版本 GeForce RTX 4090D，旨在遵守美国针对中国的出口管制，该芯片从 2024 年 1 月开始向中国客户提供。GeForce RTX 4090D 是自拜登政府 10 月公布出口规则以来，英伟达正式推出的第一款面向中国的芯片。此外，A800 和 H800 以及顶级游戏芯片 RTX4090 均被禁止销售。